物理教学技能微格训练

林　钦　主编

科学出版社

北　京

内 容 简 介

　　本书首先介绍了微格教学的基本理论和物理学科教学的基本技能，在此基础上根据物理学科课堂教学和高等师范院校实施师范生教学技能训练实际，从物理课堂教学的"导入""讲解""结束"三阶段介绍如何开展物理教学技能微格训练。为更真实地展现教学技能微格训练的过程，本书精选了师范生教学技能训练的真实文本和视频案例，以及教学技能的分析点评，力求提高物理教学技能训练的实效性。

　　本书可作为高等师范院校物理学师范生和各级教育学院的物理教学技能训练教材或参考书，也可作为中学物理教师的继续教育用书和教学参考书。

图书在版编目（CIP）数据

物理教学技能微格训练/林钦主编. —北京：科学出版社，2020.3
ISBN 978-7-03-058337-6

Ⅰ. ①物… Ⅱ. ①林… Ⅲ. ①物理教学–教学研究 Ⅳ. ①O4

中国版本图书馆 CIP 数据核字（2020）第 047549 号

责任编辑：丁　里　孔晓慧 / 责任校对：韩　杨
责任印制：赵　博 / 封面设计：迷底书装

科学出版社 出版
北京东黄城根北街 16 号
邮政编码：100717
http://www.sciencep.com
北京富资园科技发展有限公司印刷
科学出版社发行　各地新华书店经销
*
2020 年 3 月第　一　版　　开本：787×1092　1/16
2024 年 12 月第五次印刷　　印张：12
字数：302 000

定价：49.00 元
（如有印装质量问题，我社负责调换）

《物理教学技能微格训练》
编写委员会

主　编　林　钦

编　委（按姓名汉语拼音排序）

前　言

教师专业化发展的研究表明，教师除了应具备学科知识与一般教学知识，还应具备一种教学实践知识——学科教学知识（pedagogical content knowledge，PCK），即教师如何针对学生的不同特点与能力，将学科知识加以组织、调整与呈现，并开展教学的知识。师范院校开展微格教学训练的价值在于：借助微格教学的方法，发展师范生组织学科知识开展教学的能力。

福建师范大学长期致力于提高中学教师职前和职后的专业成长。自师范生入学就开始了"三笔一画""普通话"等教师基本技能的训练，开设"微格教学"必修课程，强化师范生的学科教学技能训练。2008 年整理出版的"教师教育专业课堂教学技能训练系列教材"《物理微格教学》正是物理学师范生教学技能训练的理论与实践总结。

十多年来，我们根据物理学科教学的特点和当前师范院校的课程设置，不断反思和调整训练方案，力求在课时有限、指导力量有限的现状下，提高教学技能训练的可操作性和实效性，总结出了一套"教学技能微格综合训练"方案，精选教学内容开展"导入""讲解""结束"三阶段教学技能综合训练，在综合训练中发展师范生应用语言、提问、变化、强化、演示、板书、多媒体辅助教学等基本技能开展教学的能力。自 2009 年中国教育学会物理教学专业委员会举行大学生物理教学技能大赛以来，福建师范大学物理与能源学院历届共选派 64 名选手参赛，共获得 62 项一等奖（特等奖）、2 项二等奖的好成绩。这些成绩的取得与我们长期坚持开展高效微格教学训练是分不开的。

为更好地促进师范生教学实践能力的发展，适应中学物理教学的需要，我们针对当前国内师范生微格训练缺少案例的问题，精选福建师范大学物理学专业学生自编的 63 篇微格教学案例和 16 集微格训练视频，并配以针对性的"技能分析"，以帮助读者理解教学技能的特点和使用要求，在案例观摩、案例设计、微格训练、回放评议、改进再训、综合评价等六项微格训练行动中提高实际教学能力。读者扫描书中二维码即可观看相应的视频案例。

本书编写分工如下：第一章林钦、郑渊方；第二章林钦、宋静、郑渊方、黄树清、王素云；第三章林钦、郑渊方；第四章林钦、黄树清；第五章林钦、王素云。海南师范大学廖元锡教授、湖南师范大学刘健智教授、临沂大学许云凤教授、天津师范大学许静教授、河北科技师范学院高忠明教授、西南大学张正严博士、广东石油化工学院吴登平老师参与了本书的结构设计和编写工作。全书由林钦负责统稿、定稿。

本书是全国教育科学"十三五"规划 2016 年度单位资助教育部规划课题"校地协同推进物理教师专业成长路径的研究"（FHB160525）的成果。

本书的出版得到福建师范大学物理与能源学院领导的大力支持和帮助，学院部分教师参与了物理教学技能微格综合训练方案的制订和微格综合训练实践指导。物理学专业师范生在教学技能训练过程中编写了大量微格训练教案，录制了微格综合训练视频，为本书提供了大量优秀案例，在此表示感谢。本书整体构架的成型得到福建师范大学生命科学学院俞如旺教授和化学与材料学院胡志刚教授的大力支持，在此表示衷心的感谢。

　　由于编写本书的时间仓促，书中出现不妥之处在所难免，恳请同行专家及读者批评指正！

林　钦

2019 年 3 月 30 日

目 录

第一章 物理教学技能微格综合训练

第一节 微格教学与教学技能

一、微格教学概述

微格教学来自英文 microteaching，可译为"微型教学""微观教学""小型教学"等，国内称之为"微格教学"，是一种利用现代教学技术手段来培训教师教学技能的教学方法。通常先将受训者（师范生或在职教师）分成 10 人左右的小组，在指导教师的指导下，小组学员进行 10 分钟左右的"微格教学"，并将教学实况摄录下来；然后在指导教师的组织引导下，师生一起反复观看录制的教学实况，针对教学过程中的技能应用情况进行讨论和评议，发现不足并改进提高。在学员轮流进行多次微格教学训练的过程中，提升受训者的教学技能、技巧，进而提高教师的整体教学水平。

微格教学的创始人、美国斯坦福大学艾伦（Allen）教授将它定义为："它是一种缩小了的可控制的教学环境，它使准备成为或已经是教师的人有可能集中掌握某一特定的教学技能和教学内容。"即微格教学是通过"讲课→观摩→分析→评价"，借助音视频记录装置和实验室的教学练习，对需要掌握的知识、技能进行选择性的模拟，从而对师范生及在职教师的各种教学行为的训练进行观察、分析和评价。

微格教学具有如下特点。

1. 技能单一集中性

微格教学是将复杂的教学过程细分为容易掌握的单项技能，如讲解技能、提问技能、强化技能、演示技能、组织技能、结束技能等，使每一项技能都成为可描述、可观察和可训练的，并逐项进行分析研究和训练，以提高培训效能。

2. 目标明确可控性

微格教学中的课堂教学技能以单一的形式逐一出现，使训练目标明确，容易控制。课堂教学过程是各项教学技能的综合运用，只有对每项细分的技能都反复训练、熟练掌握，才能形成完美的综合艺术。微格教学训练系统是一个受控制的实践系统，要重视每一项教学技能的分析研究，使受训者在受控制的条件下朝着明确的目标发展，最终提高综合课堂教学能力。

3. 参加的人数少

在训练过程中，学生角色一般由 7～10 名小组成员担任，并且学生扮演者可以频繁地调换。实践表明，这样便于机动灵活地实施微格教学，深入进行讨论与评价。

4. 上课时间短

微格教学每次实践过程的时间很短，通常只有 5～10 分钟。在这期间集中训练某一单项教学技能，如讲解技能或板书技能，以便在较短的时间内掌握这项技能。

5. 运用视听设备

借助现代视听设备真实记录课堂互动细节，使受训者获得自己教学行为的直接反馈，还可运用慢速、定格等手段，在课后进行反复讨论、自我分析和再次实践。

6. 反馈及时全面

微格教学利用了现代视听设备作为记录手段，真实而准确地记录了教学的全过程。这样，对执教者而言，课后所接收到的反馈信息有来自指导教师的，也有来自听课的同伴的，更主要的是来自自己的教学信息，反馈是及时而全面的。

7. 角色转换多元性

在微格教学课程中，每个人从学习者到执教者，再转为评议者，如此不断地转换角色，反复地从理论到实践，经过实践再进行理论分析、比较研究。这种角色转换多元化的培训方式，既体现了教学方法、教学模式的改进，又体现了新形势下教育观念的更新。

8. 评价科学合理

传统训练中的评价主要是凭经验和印象，带有很大的主观性。微格教学中的评价，参评者的范围广、评价内容比较具体、评价方法比较合理、可操作性强，使评价结果包含的个人主观因素成分减少，科学合理。

9. 心理负担小

微格教学上课持续时间短，教学内容少，而且班级人数不多，这样可以有效降低受训者的紧张感与焦虑感，从而减轻受训者的心理紧张程度。而且评价既指出不足，更肯定优点，会增强受训者的自信心与成功感。

二、教学技能概述

《高等师范院校学生的教师职业技能训练基本要求（试行稿）》把教学技能定为教师的职业技能，要求师范生"在校学习期间，必须积极、自觉、主动地进行教师职业技能的训练，掌握教师职业基本技能"，并把教师职业技能作为师范生从师任教的基本素质。在国家教育主管部门的领导和支持下，一些高等师范院校、中等师范学校及教师进修院校相继开设了有关课程，对师范生或在职教师的教学技能进行培养和训练。

教学技能的分类与研究随着微格教学 20 世纪 90 年代传入我国开始快速发展。

首先出现的是按实施微格教学的需要所做的分类。1992 年孟宪恺主编的《微格教学基本教程》中，把课堂教学技能分为 10 项：①导入；②提问；③讲解；④变化；⑤强化；⑥演示；⑦板书；⑧结束；⑨教学语言；⑩课堂组织。1993 年，郭友从教学信息传播的过程出发，分析教学信息过程中教师行为方式的构成要素，设定导入、教学语言、板书、教态变化、演示、讲解、提问、反馈强化、结束、组织教学共 10 项教学技能。

按微格教学实施的需要所做的分类便于微格教学与教学技能训练的开展，易于受训者把握每种单项技能的基本特征与构成要素。通过单项技能的微格教学训练，帮助受训者对教学技能实现从单项到总体的掌握，最终形成课堂教学技能。但也有学者对此提出操作层面的疑虑：单项训练费时、费力，从单项到总体的提升需要额外训练和强化等。

有学者依据教学工作流程，结合我国目前课堂教学的实际提出了中小学教学中常用的基本技能。高艳在《现代教学基本技能》中把教学技能分为：课堂教学的前期准备技能，即教学目标编订技能及教案编制；课堂教学的基本技能，包括导入、提问、讲授、讨论、演示、诊断、补救和结束共 8 个方面的基本技能。张铁牛把教学技能分为课前、课堂和课后教学技能三大类，然后设定为 20 项基本技能：课前教学技能（确定教学目标、了解学生、分析处理教材、选择教学媒体、选择教学方法、进行教学设计）；课堂教学技能（导入、讲解、提问、演示、板书、强化、变化、应变、结束）；课后教学技能（复习、辅导、指导课外活动、教学测评、教学研究）。

教学技能训练的目的是提高受训者实施课堂教学的能力和水平，许多单项技能往往综合体现在一个教学片段中，且各种技能之间存在交叉重叠之处。例如，导入教学中往往包含提问、演示等，导入技能训练时不可避免地涉及提问技能、演示技能的应用。

为此，我们根据物理学科教学的实际情况，从师范生教学技能训练的可操作性出发，将物理教学技能设定为语言、提问、变化、强化、演示、板书、多媒体辅助共 7 项基本技能和导入、讲解、结束共 3 项综合技能。

其中，基本技能是教师实施各个环节教学活动中体现出来的关键素养和能力，如规范、标准的语言，工整的板书，熟练的多媒体操作等；综合技能则是为高效实施微格训练而提出来的"训练内容"，通过课堂导入、讲解、结束三个关键教学环节的训练，以达到各项基本技能综合训练、整体提高的目的。

基本技能：

（1）语言技能。语言技能是教师为完成教学任务，培养学生的综合素质，将人类交际语言中的通俗语言和学科术语有机结合而形成的技能。教师的语言技能主要包括口头语言技能、书面语言技能和身态语言技能。

（2）提问技能。提问技能是课堂教学过程中通过师生的相互作用，检查学习、促进思维、巩固知识、运用知识、实现教学目标的一种教学行为方式。它是教学中进行师生相互交流的重要教学技能，是实现教学反馈的方式之一，是启发学生思维的方法和手段。根据不同的教学内容，提问可以分为低级认知提问（回忆提问、理解提问、运用提问）和高级认知提问（分析提问、综合提问、评价提问）两种类型。

（3）变化技能。变化技能是在教学信息的传递过程中，通过师生间的相互作用和教学方法、教学媒体、教学资料的转换来改变对学生的刺激，把无意注意过渡到有意注意所采取的手段。变化技能大致可以分为四类：教态的变化、教学方法的变化、信息传递渠道及教学媒体的变化和师生相互作用的变化。

（4）强化技能。强化技能是教师在教学中的一系列促进和增强学生反应和保持学习力量的方式。强化的主要方法有：语言强化、标志强化、活动强化和变换方式强化。

（5）演示技能。演示技能是通过教师进行实际表演和示范操作，运用实物、样品、标本、模型、图片、表格、幻灯片、视频等提供感性材料，以指导学生进行观察、分析和归纳来实施的。演示技能可以分为分析法、归纳法、质疑法、引起兴趣法、展示等类型。

（6）板书技能。板书技能是教师运用黑板以凝练的文字语言和图表等传递教学信息的教学行为方式。板书既是教师应当具备的教学基本功，又是教师必须掌握的一项基本教学技能。板书技能可以分为提纲式、表格式、图示式、总分式（括弧式）、板画式等类型。

（7）多媒体辅助技能。多媒体辅助技能是现代教学技能中的一个重要组成部分，是影响教学质量、教学效率的重要因素，也是优化课堂教学、促进教学改革的重要手段之一。多媒体辅助教学要求教师改变传统的一支粉笔、一本教案、一张嘴的"三一"教学模式，根据教学目标和教学对象的特点，运用声、光、电相结合的现代信息技术手段，创设问题情境、再现物理过程、辅助物理分析等，以多种媒体信息作用于学生，达到优化物理教学效果的目的。

综合技能：

（1）导入技能。导入技能是教师有目的地引起学生注意、激发学生兴趣、引起学生动机、明确学习目的和建立知识间联系的教学活动方式。通过教学基本技能的应用，把学生的注意力吸引到特定的教学任务和程序中。根据不同的教学内容，导入技能可以分为悬念导入、旧知识导入、直观导入、实验导入、直接导入、经验导入、故事导入、释题导入、设疑导入等类型。

（2）讲解技能。讲解技能是指教师通过语言、直观教具演示等为学生提供感性材料，引导学生分析、综合、概括、形成概念、认识规律和掌握原理的教学行为方式。在物理学科教学中，根据不同的教学内容，可以将讲解技能分为物理概念讲解、物理规律讲解、物理练习讲解、物理实验讲解等。

（3）结束技能。结束技能是教师结束教学任务的方式，是通过归纳总结、实践活动等教学活动帮助学生将所学的知识和技能系统化。结束技能的类型主要包括：系统归纳、比较异同、集中小结、领悟主题、巩固练习。

教学基本技能和综合技能的详细介绍和训练操作将在后续章节陆续展开。

第二节　物理教学技能微格训练模式

微格教学从 20 世纪 60 年代初产生至今已有 50 多年的历史，培训对象从师范生发展到在职教师及许多其他行业的从业人员，应用地域也已发展到世界各国。在微格教学发展应用的过程中，实践者结合了本国的国情，融入了各种教育观念和思想，由此产生了多种模式。了解当前微格教学的模式，有利于我们明确训练的方法和目标，优化训练效果。

一、国外微格教学模式简介

1. 斯坦福大学的"行为改变模式"

美国斯坦福大学是微格教学的发源地。艾伦和他的同事们经过数年的探索、试验、研究，在 1963 年确立了微格教学的基本模式，从此微格教学从美国迅速走向世界。斯坦福大学的"行为改变模式"主要特点如下。

1）教学时间

微格教学实习片段的时间设定为 5 分钟，他们认为 5 分钟即可形成单一概念的片段课。实际上教学时间的长短是根据班级人数、课时安排、场地环境等多种因素而定的。

2）微格教学的学生

微格教学由受训者的同伴扮演学生，模仿真实情境中的学生认知水平，对受训者的提问或讲解进行回应。目前，这种同伴训练方法已被证实是切实可行的，并在诸多场合使用。

3）小组规模

艾伦认为若小组规模大到约 20 人，则要 19 人去听 1 人讲课，每人要听 19 次，这样的方式使学员听课过多，反而会使学员感到疲劳、抓不住重点，而且时间太长，使重教困难。他提出 5 人小组规模开展活动，导师布置训练任务后，让学生自己管理。学生可以自选课题，自找实习场地，即使没有正规的微格教学室，只要有摄像机即可，还能实行重教。小组规模小，能使每个学员得到多次重教机会。

4）教学技能

艾伦和他的同事们根据经验并参考有关的教育理论文献，以统一意见的方式提出 14 项课堂教学技能：

（1）变化刺激（stimulus variation）。

（2）导入（set induction）。

（3）结束（closure）。

（4）非语言暗示（silence and nonverbal cues）。

（5）强化学生参与（reinforcement of student participation）。

（6）流畅的提问（fluency in asking questions）。

（7）探查性提问（probing questions）。

（8）高水平组织的提问（higher-order questions）。

（9）发散性提问（divergent questions）。

（10）确认（recognizing attending behavior）。

（11）举例说明（illustrating and use of examples）。

（12）讲演（lecturing）。

（13）有计划的重复（planned repetition）。

（14）交流的完整性（completeness of communication）。

5）反馈与评价

微格教学训练的技能多达 14 项，若对每项技能有完整的评价表，评价项目多到有时连执教者的衣着也在评价之列，以至于在反馈时，执教者往往失去方向，抓不住重点。为此，艾伦提出了"2+2"的重点反馈方式，即小组每位成员听完课后要提出 2 条表扬性意见及 2 条改进性建议，最后指导教师根据这些反馈信息，总结出 2 条表扬性意见和 2 条改进性建议。这种评价指导方式操作简单、目标明确、重教效果显著。

2. 芝加哥大学的"动力技能模式"

美国芝加哥大学的高奇（Guiltier）和杰克逊（Jackson）等在 1970 年提出了"动力技能模式"，他们批评斯坦福模式"很大程度上忽略了各技能之间的关系和技能的恰当组织形式与某一特殊的教学情境的关系"。他们认为"教学是一种有目的的活动,技能在这种有目的教学过程中的应用同样是重要的。在技能训练中,教学内容本身也需要同时考虑在内,这样才能使学生获得恰当的综合使用技能的决策经验"。

芝加哥模式考虑教学中的两个方面——教学内容和教师行为,强调在教学计划中依据学科内容,设计应用各项教学技能的教学过程。这样,教学技能(如强化技能、课堂组织技能等)作为子系统,而不是彼此孤立的行为来运用。麦可格瑞指出:"动力技能模式的基础是基于学科内容分析的系统化教学计划。它强调所训练的技能必须小心地编排到教学计划中,在课程逻辑结构中,师范生能够将教学活动集中于重要的师生相互作用中,在这个意义上教学技能被认为是促进中小学生学习的动力因素,提出这些师生间的相互作用,对于促进中小学生学习的逻辑发展是必要的。"

3. 悉尼大学模式

特尼(Turney)等在 20 世纪 70 年代初将微格教学引入澳大利亚的悉尼大学。他们开设的"悉尼微型技能"(Sydney micro skills)课程基本上坚持了"细分"和"可观察的行为改进"的斯坦福模式的做法,但作了一些改进。特尼指出:"教学是一个非常复杂的过程,对于刚刚开始从事这一职业的人来说,它需要被分解为有意义的和可获得的各个部分技能。这些部分是可观察的教学行为或技能,而且是建立在有效教学的基础上的。这些技能的构成表现为将复杂的教学过程分解为相对分立的、便于定义的行为,而且可以迁移到大多数的课堂教学中,并适合于各种有目的的不同组合。"

悉尼大学的微格教学是以教学技能的训练为主线展开的,教育思想和教育教学的理论及实验研究融合在各项教学技能之中。整个微格教学课程分成五个系列,前两个系列包括六项基本的教学技能,后三个系列是三项小综合式的教学技能。

系列 1:

(1)强化(reinforcement)。

(2)基础提问(basic questioning)。

(3)变化(variability)。

系列 2:

(4)讲解(explaining)。

(5)导入和结束(introductory procedures and closure)。

(6)高层次提问(advanced questioning)。

系列 3:

(7)纪律和课堂组织(treat classroom management and decipher skills)。

系列 4:

(8)小组讨论、小组教学和个别化教学(treat skills of guiding small group discussion, small group teaching, and individualized teaching)。

系列 5:

(9)通过发现学习和创造性学习,发展学生思维能力(deals with skills concerned with developing pupils' thinking through guiding discovery learning and fostering creativity)。

澳大利亚的微格教学主要步骤如下:

（1）播放教学技能的示范录像，讲解教学技能的构成、有关理论知识及要求，帮助受训者认识教学技能，有重点地观察，用不同的类型示范同一技能，促进对技能的掌握。

（2）角色扮演，为受训者提供实践机会，增强自信心。

（3）反馈，为受训者改进自己的教学行为提供明确、具体的帮助。

（4）重教，当受训者对自己的教学行为非常不满意时才进行，对大多数师范生来说这一步可取消。

从上述步骤可以看出，澳大利亚的微格教学强调四个环节：示范、角色扮演、反馈和重教。没有列出评价这一环节，因为评价是贯穿于全过程中的，而且主要是启发学生自我评价，这正体现了尊重学生的教育原则。

悉尼大学对微格教学的开发应用及研究是很有成效的。

1）开发出完整的微格教学教材

悉尼大学开发的微格教学教材在世界上享有一定声誉，《悉尼微格教学技能》一书被许多国家采用。教材中列出的六项课堂教学基本技能——强化技能、基础提问技能、变化技能、讲解技能、导入和结束技能及高层次提问技能，每项技能都从教育学和心理学的理论出发加以论述，并且对每项技能都配以生动形象的示范用录像资料。

2）重视学生的自我发展

澳大利亚在学校教育中十分注意尊重每个人的个性，重视发现个人的特点，并给以引导发展，希望每个人都获得成功。学校教育对学生个性差异和心理健康发展颇有研究。在微格教学课程的第一周先安排每个学生在摄像机镜头前作一两分钟的自我介绍或表演，内容自选，轻松自然，然后让学生在愉快的气氛中观看评论。这样的活动既提高了学生对微格教学的兴趣，又使师范生消除了面对摄像机镜头的紧张心理，为扮演角色时的正常发挥打下良好的基础。

悉尼大学模式还在充分研究学生的认知心理基础上建立了微型观察室。例如，新南威尔士大学教育学院内的一组微型观察室，每间大小只有约 2 平方米，导师们考虑到师范生在角色扮演后，希望自己先看到自己的表演录像，或找一位最信得过的好朋友一起观看评议，而微型观察室正好仅供一两位学生闭门观看。受训者可以先与"好朋友"边看边商量，先听取他的看法和意见，在心理学上这时的意见无疑是一个"强刺激"，是最容易接受的，也是印象最深的。根据这些意见，受训者先写出对自己扮演的角色的评价，这一做法充分体现了微格教学中重视学生自我发展的教育原则。

3）自我评价贯穿微格教学始终

悉尼大学的微格教学模式中，评价是很重要的。评价方式是贯穿于整个过程之中的。评价不是由别人来对某位学生的录像加以评论、分等级打分数，而是通过受训者自己在微型观察室中的观看，根据微格教学过程中各个环节的反馈及"好朋友"的反馈信息，自己来评价自己。导师经常以肯定、表扬为主，对存在的问题以提示、暗示等方式启发学生自己发现，最后让学生在评价单上作自我评价，做到的项目画记号，还没有做到的不画，再根据整个微格教学过程中来自各方面的反馈信息认真地写自我评价，从而提高学生的教学技能和教学实习效果。

4. 伍斯特大学的"社会心理学模式"

20 世纪 60 年代末微格教学引入英国时，当时的一些模式已受到了一些批评。斯通斯（Stones）和莫里斯（Morris）指出："微格教学的目的和作用需要重新澄清，应该将方向转移到加强教学理论与教学实践的联系上来。"他们认为：微格教学是一种有价值的革新，比一般的教学有更大程度的可控性，所以强调理论与实践的关系可以挖掘出更大的潜力，可以使受训者掌握教学模式。

莫里斯等发现，有社会能力的教师在教学中表现得更为突出，并从社会心理学的角度看待教学，认为教学是一种社会活动技能，教学依赖于人际关系和师生间的交流。于是将社会心理学的观点引入微格教学，首先对教学中的社会技能进行定义，并且对受训者进行分技能的训练，然后将各项社会技能综合在一起，整体地运用到完整课的教学中。

布朗（Brown）在 1975 年将这一模式引入了伍斯特大学，哈奇（Hargie）于 1977 年在伍斯特大学进行了这一模式的微格教学。他们认为微格教学需要集合三个方面的要素：计划、角色扮演和反馈认知。

（1）计划：通过课堂讲授和小组研讨来学习，受训者学习如何将一个课题分解为各个概念成分，并将其组织成一个序列；选择合适的教学方法。

（2）角色扮演：首先是训练斯坦福大学模式中的各项技能，如提问、强化、刺激变化、讲解、导入和结束，然后把各项技能综合起来运用到完整课教学中。

（3）反馈和认知：受训者与指导教师一起讨论微型课的录像，使受训者学习在与中小学生相互作用时自己所应充当的角色。这种对师生相互作用的认知将使师范生的教学行为得到改进，并影响序列计划和完整课的教学行为。取消了重教，但受训者在微格教学的各个环节都要进行充分的讨论。

哈奇还强调了与技能相关的理论的重要性，各项教学技能的教学不仅提供音像示范，而且还要说明依据人际关系社会心理学所建立的各项技能的理论基础，这样才能使师范生不仅知道如何应用技能，而且还知道什么时候使用它。微格教学不只是关于行为的改进，而且也应该是关于认知结构的改进。

由于伍斯特大学在微格教学中强调技能的综合应用，强调受训者在微格教学中形成对教学的认知结构，以及依据社会心理学，强调在微格教学中的人际间相互作用的情感因素，所以教学技能只是作为微格教学课程的组成部分而没有单独列出来进行训练。

现将他们的微格教学的课程介绍如下，从中可以分析出他们所重视的教学技能成分：

（1）微格教学的理论（以学员小组的组织方式）[microteaching（group organization）]。

（2）教一个概念（设备操作训练）[teaching a concept（equipment operation）]。

（3）教学计划（教学员小组中的同伴）[lesson planning（teaching peers）]。

（4）导入和结束（教实际的学生）[set and closure（teaching pupils）]。

（5）教师解释（教实际的学生）[teacher explanation（teaching pupils）]。

（6）教师的生动活泼（教实际的学生）[teacher liveliness（teaching pupils）]。

（7）学生强化（教实际的学生）[pupil reinforcement（teaching pupils）]。

（8）学生参与（教实际的学生）[pupil participation（teaching pupils）]。

（9）提问中的流畅（教实际的学生）[fluency in questioning（teaching pupils）]。

（10）高水平组织的提问（教实际的学生）[higher order questioning（teaching pupils）]。

（11）综合的教学技能（教实际的学生）[integrating the skills（teaching pupils）]。

（12）师生相互作用，环境要素（教实际的学生）[teacher/pupil interaction，environmental factors（teaching pupils）]。

注：最后两项内容是以综合教学技能的形式设定的。

5. 斯特林大学的"认知结构模式"

1969 年，斯坦福大学的微格教学模式被引入斯特林大学，经过几年的实践和研究，麦克因泰尔（McIntyre）等于 20 世纪 70 年代中期提出了"认知结构模式"。

他们发现斯坦福大学模式中的技能描述和反馈评价只停留在技能行为上，只能给师范生若干个作为假定的教学技能的特殊教学行为方式。然而，在这些特殊的教学技能的有效性方面存在着相当程度的不确定性。在课堂教学的经验性研究中，相关的心理学理论和有经验教师的一致意见只能当作合理化的建议，而不是权威性的评价表述。于是，在斯特林大学，这些教学技能只是作为教学大纲的组成部分，而不是作为理论基础。

斯特林大学的研究者认为，受训者关于教学的认知结构在他们的教学活动中起决定性的作用。技能训练和反馈的重要性在于使受训者的认知结构发生改变，这种改变是通过将各项技能中的认知概念有机地结合在一起而形成的。在研究的基础上，他们对受训者在微格教学中认知结构的形成过程进行了如下的推论：

（1）在进入微格教学之前，每个受训者都具有彼此不同的复杂的教学概念的图式（schemata），这些图式与对教学的评价有很大的关系。

（2）个人的图式之间存在着较大的差异，但将这些图式与教学内容体系相结合，仍然存在很多的共同之处。

（3）这些图式表现出较高程度的稳定性，但通过微格教学的学习和实践，可从中获取新的结构和概念原则，这些图式将会逐渐发生变化。

（4）受训者的这些图式很大程度上控制着他们的教学行为，并且图式的改变导致教学行为的改变。

建立在这些推论基础上的"认知结构模式"将微格教学对受训者所起的作用解释为使受训者的教学认知结构产生变化，并帮助他们形成自己的作为教师的概念结构。为此，他们强调教学技能应该用"可组织的概念"这些术语来定义，这些术语可以描述由复杂的课堂相互作用所产生的信息过程，而不是由可描述的教学行为来定义教学技能。受训者可以运用这一概念结构，对在教学中什么时候应该用什么教学技能进行决策，并能帮助他们在实际教学活动中感知教学技能，从而形成对技能表现的价值评价。技能示范可以帮助受训者将各项技能的概念有组织地纳入他们的认知结构中。微格教学中的反馈可以提供受训者现已存在的教学认知结构的信息，从而改进和扩充这一认知结构。

6. 对各国微格教学模式的分析

由于各国各大学进行微格教学的培养目的不同，所依据的理论观点和理论基础不同，因此各微格教学模式之间都存在着一定的差异：

（1）斯坦福大学所开展的微格教学是建立在对宏观教学活动的分解，以及进行行为描述的基础上，强调在有控制的条件下对单项技能的训练，强调音像示范和反馈评价的作用。

（2）芝加哥大学的微格教学强调教学技能应实现教学目的、发挥教学功能，他们认为斯坦福大学模式在这方面所存在的缺陷，是由于技能训练没有很好地与教学内容相结合，未能系统地综合应用各项教学技能，所以他们强调将各项技能作为子系统经过结合应用到教学中，并强调在应用技能时与教学内容结合在一起进行系统分析，在这种系统计划中获得应用技能的决策经验。芝加哥大学微格教学的目的是在完整课的教学中培养结合教学内容、综合应用各项教学技能的决策能力和实践能力。

（3）悉尼大学所开展的微格教学仍然强调对宏观教学活动的分解和对可观察的教学行为进行描述，但对教学技能中的行为在有效性方面进行了较深入的实验研究，使所提出的教学技能满足澳大利亚教育工作者对师范教育的理论观点和实验研究的检验；强调了基于某些教学观点的几项小综合型的教学技能训练，并通过控制实现从单项技能到小综合技能训练的过渡。

（4）伍斯特大学微格教学是先进行分技能的训练（同时强调控制变量），后综合到完整课教学中；强调用社会心理学作为各项技能的理论基础，以此来保证技能应用的有效性；在完整课的综合应用中，强调以社会心理学为基础，通过计划决策和实践形成认知结构。可以看出，伍斯特大学微格教学的培养目的是建立以社会心理学为基础的课堂教学综合能力。

（5）斯特林大学针对斯坦福大学微格教学模式中的技能行为描述在有效性方面存在的不确定性，提出用心理学理论和成功的教学经验的概念来描述技能，并形成对技能的价值评价；强调了内部心理机制对外部教学行为的调节和控制作用。认为微格教学主要是通过改进认知结构来实现对教学行为的改进，并认为认知结构的改进是通过各项技能中的认知概念有机结合在一起而形成的，认知结构可以促进应用教学技能时的决策能力，促进在实际教学中感知教学技能，从而形成对技能的价值评价。由此可见，斯特林大学微格教学的目的是在综合应用各项教学技能的实践中建立教学的认知结构。

综上所述，可以看出各国开展微格教学的情况虽不尽相同，但斯坦福模式中的教学技能成分和体现科学方法论的一些做法在各国的微格教学中基本上被保留了下来。同时，各大学在对斯坦福大学模式进行改进时所共同关心的问题，即这些改进或发展很大程度上都源于对行为描述的教学技能，发现其在教学中的有效性存在着很大程度上的不确定性，从而使实施技能时的目的性和在评价中的价值判断出现困难。但各大学对这一问题解决的方法是不同的，在保证教学技能的目的性、有效性和价值判断方面，芝加哥大学是强调技能与教学内容的结合，从教学内容的系统分析上来实现的；悉尼大学是通过对所提出来的技能行为进行实验验证来实现的；伍斯特大学是从师生相互作用的角度，强调以人际交往的社会心理学理论作为教学技能的理论基础来解决技能价值不确定的问题；斯特林大学强调用心理学和成功教学经验的概念原则系统作为技能的理论基础，从而保证技能应用的目的性、有效性和价值判断。

对斯坦福大学模式的发展还表现出将各项教学技能综合应用到完整课教学中的趋势，某些大学已经把微格教学深入综合教学能力的培养这一较为广泛的领域。对于"综合教学能力"的理解和所依据的理论观点，各大学有较大的差异，但各种综合应用教学技能都是建立在对各技能成分的训练的基础上，或建立在对宏观层次的教学活动分析的基础上的，这一点又是比较一致的。

二、物理教学技能微格综合训练模式

　　微格教学自 20 世纪 80 年代中期进入我国后，先后在一些教育学院以及高等、中等师范院校和许多中小学展开了积极的研究和实践，并进行了广泛的交流。起初研究和实践主要集中在吸收、借鉴国外微格教学的做法，并在实践中改进、移植到自己的微格教学中，使其成为发展我国师资培训教育的有效方式。

　　我国许多师范院校的实践表明，"微格教学"作为师范专业教学技能训练的一门必修课程，若只针对单一的教学基本技能开展训练往往缺乏实效性和可操作性。一方面是由于课堂教学的过程是教师的教学技能综合展现的过程。例如，在讲解某个物理概念时，至少需要：演示技能——利用多种手段演示物理现象，语言技能——形象生动的描述现象，变化技能——分析讨论与相关概念的区别和联系，板书技能——帮助学生厘清教师讲解的脉络……另一方面是由于必修课程的课时限制，"微格教学"课程通常设定的是 2 学分（36 课时），这些课时远少于开展教学训练所需的课时数。

　　在理论和实践的基础上，部分高师院校结合当前师范生课程设置，将师范生的教学技能训练分两阶段进行：

　　一是师范生入学阶段的基础训练（大学一、二年级），由专业教师、辅导员、班主任和学生会组织开展单项基础技能训练和竞赛，如"三笔一画"竞赛、大学生演讲竞赛、实验操作技能竞赛、多媒体课件制作竞赛等，以赛促练，促进师范生从教基本功的发展。

　　二是师范技能综合训练阶段（大学三、四年级），开展教学技能微格综合训练和教育实习。通过必修课程的形式，由专业教师带领师范生开展技能综合训练。

　　在物理教学技能的训练过程中，提出了"微格综合训练"的方案，即在有限的课时中，根据中学物理课堂教学实际，围绕课堂教学导入、讲解、结束等教学环节，实施 5～10 分钟的片段教学训练。在每个教学环节中设计若干典型训练课例，按照微格教学的训练模式，综合训练各项教学基本技能。

　　具体实施流程如图 1-1 所示。

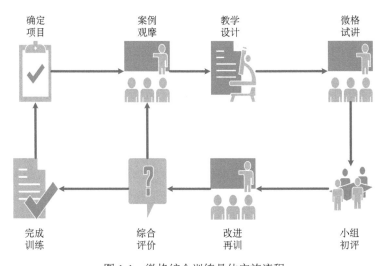

图 1-1　微格综合训练具体实施流程

根据学期教学计划，指导教师选择适当的训练项目和内容开展训练。例如，选择"自由落体运动"开展导入教学训练，选择"滑动摩擦力"开展概念讲解教学训练，选择"牛顿第二定律"开展实验教学技能训练，选择"平抛运动"开展练习教学技能训练等。所选的训练内容应能够覆盖所有教学技能训练的需要。

在每一项训练中，按以下六个步骤开展训练：

行动一、案例观摩技能研讨

行动二、教学设计准备训练

行动三、微格试讲技能训练

行动四、视频回放小组评议

行动五、反思改进再训提高

行动六、综合评价整体发展

在本书各章的综合训练中，仅出现行动一、行动二、行动六这三部分内容，对于行动三、行动四、行动五这三部分，受训者可参照本章的介绍开展训练。

 行动一、案例观摩技能研讨

指导教师根据师范生实际情况，选择本书配套案例或自己收集的针对性强的教学视频案例资源，供师范生观摩研讨，以便师范生模仿学习、了解各项教学技能的使用。

在选择示范视频案例时要遵循两条原则，一是案例表现出来的技能水平要高，二是技能展示针对性要强。示范的水平越高，学员的起点就越高；针对性越强，该技能的展现就越具体、越典型。因此，所选案例一般长度在5～10分钟，重点观摩2～3个基本技能。

在观看示范视频案例时，指导教师要先提出具体要求，明确目标，突出重点，边观看边提示。提示时要画龙点睛，简明扼要，不可频繁，以免影响学员观看和思考。

例如，在观摩"滑动摩擦力"讲解教学时，可以要求学生思考：

授课教师是如何引导学生猜想滑动摩擦力与哪些因素有关的？（提问技能的展示）

授课教师是如何在各个影响因素探究之间自如切换的？（变化技能的展示）

授课教师将多媒体应用在什么地方？这样做好不好？（多媒体的展示）

技能分析：师范生在观摩的基础上，讨论分析各项教学技能在实际教学中的应用，特别是如何通过教学技能的应用，达到优化教学效果的目的。

在此阶段，指导教师可以组织小组成员由浅入深地分析。例如，先各自谈观后感，然后引导小组成员围绕某几个技能深入讨论、要点模仿。指导教师还可以亲自示范或提供反面示范，对学员理解教学技能也会起到十分重要的作用。

 行动二、教学设计准备训练

师范生模仿教学案例，围绕若干教学技能开展微格教学设计。师范生在深入分析示范案例的基础上，重点应该考虑教学技能的运用。要正确运用教学技能，对该教学技能的钻研是先决条件，指导教师要正确引导学习者钻研教学技能的理论，联系教材，把理论用于实践。

特别注意的是，学员在设计训练教案时，不要被某个基本技能如何应用所困扰，在完成初步设计以后，再开始分析：我要怎么做才能讲好这个教学活动？

下面通过一个例子介绍"行动二"到"行动六"具体实施过程。以下案例是某学员行动二的微格训练教学设计方案。

案例 1-1：水平面内圆周运动的实例分析[①]

讲课人	刘××	学号	135012014×××	日期	2017 年×月×日
教学课题		水平面内圆周运动的实例分析		教学环节	教学导入

教学目标	1. 知道生活中水平和竖直圆周运动现象。 2. 能够对水平面内圆周运动进行受力分析，知道向心力的来源。
技能训练目标	1. 语言技能：能用恰当正确的语言将知识点讲细讲透，科学剖析问题，从解决圆周运动问题的基本思路及一般步骤出发，教学生如何解答水平面内的圆周运动问题。 2. 板书技能目标：书写工整，能够边讲边书写，借助副板书启发引导学生思考，调控课堂进程。 3. 强化技能：教给学生分析问题的方法，并在练习中巩固知识和解决问题的方法。

时间分配	教学过程	技能分析
1 分钟	播放赛车事故视频，要求学生观察 "赛车通常是在什么地方发生事故"。 学生通过观察发现，赛车一般都是在弯道和上下坡处翻的车。	【演示技能】多媒体播放生活中常见的赛车视频，并设置问题情境，制造了学习气氛，引导学生观察分析赛车在什么地方容易发生事故。
2 分钟	在黑板上画出转弯和上下坡时的轨迹，提问学生出事故地方的运动轨迹有何共同点。 教师总结，汽车水平转弯和上下坡时可以近似看成圆周运动，水平转弯可看成水平面内的圆周运动，上下坡可以看成竖直面内的圆周运动。 提示这节课主要学习的是水平面内的圆周运动。	【板书技能】教师在黑板上画出轨道，边画边讲解，让学生更加清楚转弯和上下坡时轨道的共同点，从而使学生了解到可以用圆周运动的相关规律解决汽车转弯和上下坡问题，并为接下来在图形中分析向心力问题打下基础。
3 分钟	引导学生回忆之前学习过的圆周运动的规律，回顾向心力的表达式。 复习解决圆周运动问题的基本思路及一般步骤。（板书） 1. 画轨迹； 2. 找圆心、半径； 3. 受力分析； 4. 确定向心力。 要求学生按照一般步骤画出汽车在水平面内转弯时的运动轨道，找出圆心、半径；然后对汽车做受力分析，找到向心力。	【强化技能】教师复习之前学过的公式以及解题思路，通过提问和板书，强化学生解决向心力问题的方法。 【板书技能】教师通过边板书边讲解的方式，对摩擦力的知识点进行回顾，分析动摩擦力和静摩擦力的本质区别，从相对运动和相对运动趋势出发，使学生知道动摩擦力是沿切线方向，而静摩擦力指向圆心，因此由静摩擦力提供向心力。

---

① 案例来源：福建师范大学 2014 级物理学专业。

续表

时间分配	教学过程	技能分析
4分钟	教师检查学生的受力分析情况后，在黑板上按步骤画出轨道、圆心半径及向心力。 提问学生：提供向心力的是静摩擦还是动摩擦？（需要学生思考，不需要回答） 引导学生复习动摩擦与静摩擦的概念：动摩擦力的方向与相对运动方向相反，静摩擦力的方向与相对运动方向相同，因此动摩擦力的方向应当是沿切线方向，与速度方向相反，动摩擦力不提供向心力。 继续提问学生：为什么明明有相对运动时静摩擦力会提供向心力了？ 通过乘坐公交车突然转弯的例子，让学生感受到当汽车转弯时会有一个向外被甩出去的趋势，从而理解汽车转弯时都有远离圆心、被"甩"出去的相对运动趋势，因此静摩擦力的方向就是指向圆心的，所以指向圆心的向心力正是静摩擦提供的。	【语言技能】在讲解过程中，教师还用了乘坐公交车转弯的生活实例，以人人都有的亲身体验更好地帮助学生理解汽车转弯时有远离圆心的相对趋势，从而得出静摩擦力的方向。
设计思路说明		

 行动三、微格试讲技能训练

师范生在独自备课、独自试讲的基础上，组织小组成员进入微格教室开展微格训练。利用微格教室的相关设备，录制试讲视频，以便分析评议。

在微格试讲阶段，对小组成员有一个特别的要求，即角色扮演。为更好地帮助受训者训练技能，听课观摩的小组成员应模仿中学生，模拟中学生的认知水平和知识储备，自如切换各类学生，甚至"调皮捣蛋"的学生，在该"懂"的地方懂，在该"不懂"的地方不懂，给受训者充分的实践机会。

案例1-2：压力的作用效果

在"压力的作用效果"微格训练中，教师扮演者要求学生用如图1-2所示的方法体验压力的作用效果。然后提问：

师：大家有什么感觉？

生：疼。

师：哪只手疼？

生：都疼。

师：哪只手更疼？

生：左手更疼。

师：为什么呢？

生：因为笔尖太尖了。

师：大家知道为什么尖的就会更疼吗？

生：因为我的手太嫩了。

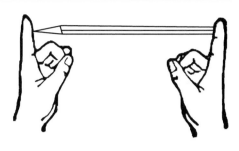

图 1-2 压力的作用效果

这样"绕"的对话在训练初期是经常看到的，是受训者在备课时完全没有想到的，特别是最后一个"手太嫩"的回答可以说"妙"到极致，可以非常强烈地刺激受训者，促进受训者的反思：怎样提问才能得到预设的答案，在反思中提升教学水平。

因此，小组成员要特别注意，虽然听课的内容都是大家非常熟悉的，但小组成员的任务是模仿中学生，懂装作不懂，配合教师扮演者的同时，帮助教师扮演者推敲语言、提问、变化等技能的运用，通过恰当的表情、语言等给予"配合"，让教师扮演者意识到自己讲、做不到位的地方，以便下次改进。

教学技能只有通过反复实践才能真正被受训者所掌握，受训者根据自己编写的讲授技能训练教案，在微格教室完成小组试讲练习，注意做好录像。

（1）小组每位成员按照前一行动编写的教案，先进行个人试讲，并修改、完善试讲内容。

（2）小组长组织小组成员进行组内试讲，同伴扮演学生，配合试讲者开展课堂教学。试讲者填写个人记录表（表 1-1），参考记录见表 1-2。

表 1-1 微格试讲个人记录表

片段题目			试讲时间	
			试讲人	
自我预期	我的优势	1.		
		2.		
	我要做到	1.		
		2.		
同伴建议	1.			
	2.			
教师评价	1.			
	2.			

表 1-2 "水平面内圆周运动的实例分析"微格试讲个人记录表

片段题目		水平面内圆周运动的实例分析	试讲时间	2017 年×月×日
			试讲人	×××
自我 预期	我的 优势	1. 准备充分，准备了精彩的视频和大量实例，能够有效地吸引学生注意力，激发学生兴趣。 2. 自己试讲过，基本能够脱稿授课。 3. 普通话标准、清晰。		
	我要 做到	1. 把问题讲细、讲慢。 2. 板书写好。		
同伴 建议		1. 太紧张，不敢看学生。 2. 向心力来源于静摩擦力部分有点混乱。 3. 提问后，留给学生思考的时间太少。		
教师 评价		1. 要写详案，把想要表达的问题想清楚，不能临时编问题或根据学生回答临场应变。要事先仔细设想学生可能的反应，做好应对。 2. 在讲解向心力来源于静摩擦力时，联系到相对运动的问题有点画蛇添足，容易使学生思路混乱。		

 行动四、视频回放小组评议

指导教师组织小组成员一起回放试讲视频，分析评议教学实施中教学技能的使用情况。

小组初评阶段。首先由受训者将自己的设计目标、主要教学技能和方法、教学过程等向小组成员进行介绍，检查事先设计的目标是否达到，以及自我感觉如何；再由全组成员根据每一项具体的课堂教学技能要求进行评议。

小组评议阶段。指导教师的指引非常关键。对应用比较到位的教学技能，主要分析实施的优点供小组成员学习；对应用不够到位的教学技能，结合具体语境提出改进建议，必要时可以回放示范案例对比讨论。要以讨论者的身份出现，讨论"应该怎样做和怎样做更好"，这样效果会更好。

例如，教师指出，案例 1-2 "压力的作用效果"微格训练中，如果教师能够利用教学语言，在提问时给予学生思考方向上的指引，给予一定的提示和规范，学生的配合就完全不一样了：

大家知道为什么用同样的力压，尖的那端就会更疼而平的那端没那么疼吗？压力的作用效果与面积是否有关呢？

"尖的那端就会更疼而平的那端没那么疼"给学生指明了思考的方向：比较笔两端不同造成的效果，而不是手；"压力的作用效果与面积是否有关"则对学生的答案给予了限定和规范。

回放录像可以在微格教室，也可由学员将录像拷贝，带回宿舍回放，可以集体观看，也可单独观看，但回放要及时。回放时，应根据教案、个人记录表、同伴建议以及讲授技能评价标准开展自我反馈和反思，努力找出其中的不足，并填写录像回放记录表（表 1-3），参考记录见表 1-4。

表 1-3 微格试讲录像回放记录表

片段题目		试讲时间	
		试讲人	
存在的问题		反思	
1.			
2.			
3.			
……			

表 1-4 "水平面内圆周运动的实例分析"微格试讲录像回放记录表

片段题目	水平面内圆周运动的实例分析	试讲时间	2017 年×月×日
		试讲人	×××
存在的问题		反思	
1. 在讲解动摩擦力和静摩擦力知识点时，语言有点混乱，思路也不够清晰。		应当更加精简语言，减少多余的甚至会混淆概念的其他语言，使学生能更加直接地接受知识。	
2. 提问时要留给学生思考的时间和空间，不能赶进度一直讲，学生还没有想好就提问。		把问题提得更明确一些；仔细预设学生各种可能的回答，并根据他们的回答分别设计应答思路。在提问后，适当重复或停顿，给学生思考的时间和空间。	
3. 板书不够工整，字体和排版都需要多加练习。		板书应该事先设计主板书、副板书的位置、内容等，包括圆周运动受力分析的图应该画在哪里合适等。	
4. 教态有点拘谨、紧张，不够收放自如；还有老驼背，在讲台上身为教师应当有自信的面貌。		多试讲几次；回头看自己的视频，查找具体问题。	

 行动五、反思改进再训提高

受训者在小组初评的基础上，根据本人录像，参考技能示范录像和技能理论，对照评议结果，针对不足之处，由受训者自己修改教案，准备再次微格训练。

这里要特别强调一点，无论是前面的教学设计还是这里的修改，都要求受训者非常细致地准备"详案"。对大部分师范生来说，他们的语言表达能力、临场应变能力都未经过系统训练，这造成备课时的"设想"在试讲时经常"变"，而且大部分情况下都是变"乱"了。因此，指导教师要强调训练教案的"详案"，把试讲时要举的每个例子、每句话都详细地记录下来，训练师范生"怎么想就怎么讲"的能力。

（1）微格再讲：指导教师再次组织小组成员一起观摩微格训练。

（2）小组评议：回放微格视频，再次评议。微格训练是以合格达标为目的，对教学技能掌握、应用比较好的学生，可在评议后完成本阶段训练，进入下一阶段的训练；对于技能掌握未到位的学生，则需要重复训练。

（3）完成训练。

100 行动六、综合评价整体发展

为了使受训者形成正确、规范的教学技能，在实践活动后要及时提供评价反馈，以使不规范的动作行为得到纠正，正确的行为得到强化。反馈以观看录像自我评价、小组讨论分析和教师指导相结合的形式效果较好。

微格教学中的评价是对教学技能的评价，是以一定的目标、需要、期望为准绳的价值判断过程。它通过对各项教学技能指标的考查与分析，对教学构成、作用、过程、效果等进行科学的价值判断，从而评价受训者的课堂教学技能水平。在教学技能的学习和形成过程中，评价起着重要的作用，没有评价就不能通过微格教学进行技能改进。

师范生的教学技能是一个长期发展的过程，因此微格教学训练的评价以诊断性评价和形成性评价为主。评价结果不是单纯看被评者的统计得分，而是强调从诊断性评价和形成性评价的比较来判断，评价的目的是提高和发展。在微格教学活动中，导师和学员通过各种活动形式，如理论学习研究、技能观摩讨论、相互听课、角色扮演等，得到来自多方面的反馈信息，从而对学员的课堂教学特点及基本技能运用程度有一定判断和评价，在此基础上，有针对性地提出改进的建议。

下面以教学语言技能的评价为例加以说明（表 1-5），其他教学技能的评价请见第二章。

表 1-5　教学语言技能评价记录表

课题：		执教：			日期：	
评价项目		好	较好	中	差	权重
1. 讲普通话，字音正确		□	□	□	□	0.10
2. 语言流畅，语速、节奏恰当		□	□	□	□	0.20
3. 语言准确，逻辑严密，条理清楚		□	□	□	□	0.15
4. 正确使用学科名词术语，无科学性错误		□	□	□	□	0.15
5. 语言简明形象、生动有趣		□	□	□	□	0.05
6. 遣词造句通俗易懂		□	□	□	□	0.10
7. 语调抑扬顿挫		□	□	□	□	0.05
8. 语言富有启发性		□	□	□	□	0.10
9. 没有不恰当的口头语和废话		□	□	□	□	0.05
10. 音量恰当		□	□	□	□	0.05
教学中使用语言技能的建议						

在对基础技能进行评价的基础上，还要对综合技能进行评价，评价指标可参考表1-6。

表1-6　教学技能综合评价表

讲课人姓名		学号		日期	
教学内容					
项目及分值	教学技能与评价标准			得分	备注
教学设计（20分）	教学目标恰当，教学方法使用合理，教学内容正确，教学过程体现了如何突出重点、突破难点。导入合理有效，教学过程的设计有一定个人见解和创新。				
教学语言（20分）	科学术语准确，普通话标准、简洁、流畅，音量、语速、节奏适当，无口头禅；语调有变化，语言有感染力；讲解能抓住关键，条理清楚、逻辑性强，讲解注意促使学生参与。				
提问技能（15分）	问题的设计符合教学内容，目的明确，启发学生思维；问题陈述准确、清楚，并能引导启发学生回答。				
演示技能（15分）	演示过程设计科学合理，能启发思维；演示注重教给学生观察的方法和实验的方法；实验操作规范，步骤清楚，示范性好；演示准备充分，实验现象明显。				
变化技能和多媒体辅助技能（10分）	能根据教学情况灵活、合理地变化教态、媒体、节奏、师生相互作用的方式；师生情感交流一致，各种媒体应用合理娴熟，变化自然。				
强化技能与组织管理技能（10分）	教师的组织和管理使课堂各项教学活动紧紧围绕教学目标；能通过恰当的语言、动作等强化学生学习动机；适当组织学生听课、讨论、实验等。				
板书技能（10分）	板书板画与讲解配合，时间先后合理；文字与图表规范、工整，书写速度恰当；板书安排合理，直观形象，具有启发性。				
总得分					

点评教师签字：

第二章　物理教学基本技能

教学技能分类的方法很多，有的是按教学程序划分，有的是按教学活动方式划分，有的是按信息传输的方式划分。各国的师范教育工作者之间存在着很大的差异，有不同的分类思想和分类方法。本章对物理教学的七项基本技能从技能应用的方法、技能作用、技能训练要点等方面进行介绍，为开展导入、讲解、结束技能微格综合训练打下良好的基础。

第一节　语言技能——课堂讲话的技巧

语言是信息的载体，是完成"传道、授业、解惑"的主要工具，是教师进行教学活动的基本手段，是教师能力素质中重要的内容和组成部分。它不独立存在于教学之中，是一切教学活动的最基本的行为，是教师顺利完成教学任务的保证。

物理教学语言是物理教师用正确的口头语言，以及各种具有辅助性的书面语言和身体语言对学生进行物理知识与技能、过程与方法、情感态度与价值观传授和示范的行为方式。物理教师的教学语言技能水平是影响学生学习的重要因素，在培养学生的物理观念、科学思维、科学探究、科学态度与责任等核心素养方面都具有非常重要的作用。物理教学语言除了具备一般语言的共同性质外，还显示出学科的特性，如科学性、直观性、具体性、条理性、逻辑性等。

1. 物理教学语言要科学

物理教学语言所传递的是物理学科的教学信息，物理学知识系统中的概念、规律以及知识点之间的联系等内容都与客观的物理事实相对应，这就要求教师在进行物理教学中语言表达必须具有科学性，即要求教师运用本学科的专门用语和专业术语进行表达。专业术语是一定学科范围内的共同用语，运用它进行教学，能做到一说就懂，有利于交流。

例如，"时间""时刻"在物理学中就有非常明确的界定。所以，运用物理学科的专业术语是物理教学语言科学性的最基本特点，也是物理教师教学语言的基本要求。否则，不但语言不严密，甚至可能会出现误解和错误。例如，教师不能将日常生活俗语、方言当作物理语言在课堂上使用，如将物理语言"熔化""沸腾"说成"化了""开了"，就会造成大家的误解。

2. 物理教学语言要直观、简明

物理知识是对丰富的具体物理事实的科学抽象与概括。在物理教学中，对抽象的专业语言进行教育学、心理学的加工，就是要按照学生的认识规律，将抽象的物理概念、规律与直观形象的具体物理事实联系起来，这就要求物理的教学语言具有生动的直观性和简明性。

例如，在讲物体碰撞时的冲力时，由于实际碰撞过程非常迅速，而且物体的形变也非常微小，因此观察是很困难的。这时，教师就需要运用语言的直观性，将两个物体比喻为两个皮球，两个皮球从开始接触到发生形变，直到挤压停止时形变最大，然后又开始恢复形变直到两球分离。通过对皮球碰撞过程形变的直观形象的描述，学生很容易理解冲力由小到大再小的变化过程。

3. 物理教学语言要有条理、逻辑性强

物理教学语言必须具有逻辑性和条理性，符合物理知识本身的逻辑性和学生认识过程的系统性。

例如，在讲"光的反射定律"时，不能说"入射角等于反射角"，而应说"反射角等于入射角"。因为反射角的大小是由入射角的大小决定的，两个角之间具有因果关系。所以，作为物理教师，要认真考虑自己的课堂语言设计是否科学合理、条理清晰、合乎逻辑。

4. 物理教学语言应用要有艺术性

物理教师在利用教学语言技能的过程中，除了要注意以上几个特点外，还必须讲究课堂语言艺术，其艺术性体现在课堂语言必须要确切、明白、简洁、通俗、优美、形象、幽默。

例如，教师在分析楞次定律中感应电流磁场与原磁场之间关系时，用"来拒去留、欲迎还羞"进行总结，用形象生动、通俗易懂的语言帮助学生理解。

一、教学语言的类型

教学语言的分类方法很多，物理课堂教学语言与其他学科一样可以分成以下几种类型：

（1）叙述式：叙述式语言是指教师在教学中将物理观点、科学思维、科学方法等内容向学生做较客观的陈述介绍的语言。

（2）描绘式：描述式语言是指教师在教学中将有关内容直观形象、生动逼真地描绘出来的语言。

（3）抒情式：抒情式语言是指教师在教学中抒发感情的语言。特别是教师利用教材对学生进行思想教育时，教师的情感通过语言抒发出来，常能收到动之以情、以情感人的效果。

（4）说明式：说明式语言是指教师在教学中解说事物、剖明事理的语言。它通过对事物的形态、性质、构造、成因、种类、功能，或事理的概念、特点、来源、关系、演变等做出清晰准确、通俗易懂的解说剖析，使学生形成概念，掌握内容，加深理解。

（5）论证式：论证式语言是指教师在教学中用事实或理论等论据来证明论题或论点的真实性、正确性的语言。

（6）推导式：推导式语言是指教师在教学中用书面语向学生推导一些规律、公式的来源的语言，尤其是在理科中用得较多。

二、教学语言的作用

物理教学语言结合课堂活动能够实现广泛的教学功能，主要表现在以下几个方面。

1. 准确、清晰地传授知识和技能

语言是信息的载体。通过教学语言标准规范的发音、准确的语义、词语的选择和搭配，可以有效地传递知识信息。教学中大量活动需要通过语言的表达和交流来实现，教师使用规

范、准确的教学语言，才能使学生掌握扎实的基础知识。教学语言水平与教学效果是直接相关的。有研究表明"学生的知识学习同教师表达的清晰度有显著的相关"，教师的讲解如果含糊不清也会直接影响学生学习的成绩。因此，准确、清晰地传递知识信息是对教学语言训练的基本要求。

在物理课堂中，物理教师传授的是物理知识和动手技能，教师应充分运用规范的教学语言进行教学。对教学语言最基本的要求是准确、科学，它表达的内容要准确地反映教材实际，符合客观规律。教师要依据教学大纲和教材要求，科学地组织教学活动，向学生传递科学知识，传授实验技能，教师教学语言的语法、修辞、逻辑都必须经过推敲、斟酌而定。教师在课堂中运用教学语言正确、清晰地传递教学信息，是教学语言的基本功能。

2. 发展学生智力，培养学生能力

物理教师通过语言技能的教学行为，最终的目标是培养学生、发展学生，所以使用语言技能的一个突出作用是发展学生智力，培养学生能力。具体表现在以下几点。

1）激发学生学习物理的兴趣

兴趣是最直接、最持久的动力来源。教师丰富、生动的教学语言，能有效地刺激学生对物理的兴趣，促使他喜欢物理课。反之，若教师像老和尚念经，有气无力地照本宣科，学生听来索然无味，就会失去对物理的兴趣，表现为无心听课，烦躁不安，或做其他事。诺贝尔物理学奖获得者杨振宁有"成功的真正秘诀是兴趣"的切身体会，更有著名物理学家爱因斯坦"兴趣是最好的老师"的至理名言。激发学习物理的兴趣是学好物理的关键。

2）帮助学生建立正确的物理概念

物理概念是一类物理现象和物理过程的共同属性与本质特征在人们头脑中的反映，是对物理现象和物理过程的抽象化、概括化的思维结果。如果学生没有建立正确的物理概念，不能理解特定的词所代表的物理概念的含义，明确概念的内涵和外延，就失去了进一步学习物理的基础。

3）吸引学生的注意，保持积极的思维活动

学生在物理学习中，注意力易分散，兴趣也会淡化，这是物理教学中的重要障碍。教学活动的实践告诉我们，在理解概念的关键时刻，或建立定律、原理的高潮时刻，特别需要学生集中注意力，保持积极的思维活动状态，这时教学语言发挥着积极的作用。

4）教会学生用科学的语言描述物理现象

物理学是研究自然规律的学科，对自然现象的解释有其专用的学术语言。物理教师应该教给学生用物理语言解释和描述自然现象的方法。

3. 控制课堂教学

教师在进行教学过程中，通过教学语言的语调、节奏、语气的变化，可以有效地表达各种感情，实现感情交流的目的；可以有效驾驭整个课堂，有利于组织课堂教学。有了良好的学习环境和学习氛围，就可以大大提高学生学习的质量。因此，课堂教学的管理和教学效果之间也有很明显的关系。

4. 进行思想教育

教学语言在传递信息的过程中，除了具有发展学生智力、培养学生能力、提高学生学习质量的效果外，还具有语言美感的示范作用。教学语言中的高低、快慢、富有节奏感的有声语言与表情、手势、停顿、操作等无声语言恰当地配合起来，使学生在获得知识的同时，得到美的享受，不断地把学生的学习情绪推向高潮，同时对学生产生潜移默化的影响，使学生从自觉或不自觉地模仿到灵活地表达，提高了学生的语言表达能力和语言美感。

三、教学语言的应用

物理教学语言是传递物理信息的工具，在训练教学语言时，特别要注意科学性和启发性的特点。教学语言的基本教学行为是它的构成要素，熟练掌握这些基本的要素是实现物理教学优化的保证。

1. 语音准确

语音是语言的物质材料。有了语音这一载体，才能使表达信息的符号——语言，以声音的形式发出、传送和被感知。没有声音，就难以进行正常的学习和交流。不同教师的语音虽然千差万别，但在教学中有一些要求是共同的，即教学语言有以下三个要点：

（1）发音清晰，吐字清楚、坚实、完整。

（2）使用标准、流畅的普通话，不使用方言方音。

（3）音色清脆、悦耳、圆润。

例如，教师在讲解相互作用力与平衡力的区别时，可以这样表述：

（1）受力对象不同。（相互作用力的）作用力与反作用力是作用在两个不同的物体上，而且分别对两个物体产生的效果不能互相抵消；而一对平衡力都是作用在同一个物体上，它们的作用效果可以互相抵消。

（2）作用力与反作用力是成对出现的，总是同时产生，同时消失，是同一性质的力；而平衡力就不一定是同一性质的力，也不一定会同时产生，同时消失。

相互作用力和平衡力都有对称性的特点，学生容易混淆。教师应该使用清晰的语言，抓住关键点给学生解释两者的区别和联系。

2. 音量适宜

声音大小符合教学内容和表达思想感情的需要。音量是指讲话声音的强弱，教学音量要符合教学环境、语言情境以及教学过程中表情达义的需要，才能让学生听真切、听清楚。

每个学生都能听清每一个字音，不能先弱后强，也不能先强后弱，越说越没劲。在教学中，音量过大有悖于以理服人的教学气氛，俗话说，有理不在声高；音量过小就会少气无力，容易使学生的注意力分散，使学习气氛懈怠，缺乏生气。在课堂教学中，宜以中强度声音为主，教师说得不吃力，学生听起来也轻松。在物理教学过程中，为了满足教学内容发展和交流时情感变化的需要，还要善于变化自己的音量，音量要时高时低，以调动学生的听觉注意力和积极性。

音量大小的调节方法：音量大小与气息控制有关。要达到一定的音量，就要注意深呼吸；

要注意有控制地用气。注意音量的保持，避免听清前半句，听不清后半句。要把每一句的最后一个字都清清楚楚地送进学生的耳朵。

3. 语调自然

语调是指语句的声音高低、快慢、强弱和虚实的变化，用以强调不同的内容，表现不同的思想感情。在物理教学中，语调要做到亲切感人，变化自然。有的地方可以用平缓的语调，表述一件事情的过程；有的地方可以增强语调，表示所讲的词语或句子是关键的；有时可以变化语调，或轻或重，或强或弱，或快或慢，引起学生的注意力，调节学生学习的乐趣。特别在讲物理概念时，学生经常不抓住关键来学习。例如，讲到高中的牛顿第一定律时，"一切物体总保持静止状态或匀速直线运动状态，直到有外力迫使它改变这种状态为止"，像这样的概念，整体用比较平缓的语调，但有些地方就要提高语调，如"一切""总""外力""改变"，这样有利于学生的掌握与理解。所以，在物理教学中，教师若采用"不同等级"的语气、语调变化，会使传达的教学信息更生动、更丰富。

4. 语汇丰富

物理教学的语汇要求正确、准确、精练、生动和幽默。

（1）正确。在物理教学中不出现口误的情况。在训练初期，出现口误是常有的现象，受训者要认真观看微格训练录像视频，及时发现、纠正口误情况。

（2）准确。准确的语言是教师教学的基本要求。在教学过程中，既要抓住重点，又要语言贴切。

例如，讲到初中功的概念时，一是作用在物体上的力，二是物体在力的方向上通过的距离。这两个条件必须准确表达出来。

又如，在解答"当汽车启动时，坐在车上的乘客为什么突然向后倾？"时，答案是"由于惯性"，这样回答是抓到了重点，但理由不够详细。教师这样解释学生才能知其然并知其所以然："当汽车启动时，由于惯性，人的上身和汽车保持原来的静止的状态，而双脚由于受到车板向前的静摩擦力的作用而和车板一起前进，致使人身体向后倾。"

（3）精练。精练的语言要求教师在教学过程中，语言要言简意赅，惜字如金。

例如，在讲匀强电场时，教师表述为"两块靠近的、大小相等的、互相正对且互相平行的金属板，在分别带上等量的异种电荷时，它们的电场，除边缘附近外，就是匀强电场"。这里包含六个必要条件，语言又流畅，有利于学生掌握。

（4）生动。运用生动的语言创造优美的意境，采用朗朗上口的顺口溜进行教学，既能激发学生的求知欲，又利于他们的掌握。

例如，在讲托盘天平的使用时，总结出"托盘天平，游码归零，左物右码，再次调平"；在讲凸透镜的成像规律时，总结出"一焦定虚实，二焦定大小，虚像必同正，实像必异倒"。这些语言押韵自然，归纳得当，使学生在轻松愉快的环境中获得知识。

（5）幽默。幽默的语言能使人产生美好的体验，使人身心愉悦放松。

例如，在讲光的反射定律时，很多学生容易把反射定律中"反射角等于入射角"说成"入射角等于反射角"，颠倒顺序；也有的学生干脆就认为怎么说都一个样，反正是相等的关系。讲到这个内容时可举一个生活中的例子："反射角和入射角"就像"儿子和爸爸"的关系，一般说儿子像爸爸，不能说爸爸像儿子。因为先有入射角，后有反射角，所以应该说"反射角等于入射角"，而不能颠倒顺序。这样，学生在开怀大笑中既学到物理知识，又学到逻辑知识。

5. 语速适度

语速是指讲话的平均速度。人们听话的能力有一定的承受量，超负载则听不清楚，这对讲话的速度提出了要求。讲话的速度以平均每分钟多少字为适度呢？中央电视台新闻播音员的语速为每分钟 300 字左右。中学物理课堂讲课的语速还要慢些，以每分钟 200～250 字为宜。过快或过慢都会影响听课效果。

6. 语态大方

要求教师语态自然、大方；态势语言和有声语言配合协调。

四、教学语言技能的评价

1. 教学语言训练目标

（1）全面了解教学语言技能的有关理论，理解教学语言在物理学科教学中的作用，把握其应用要求。

（2）了解物理教学语言的类型，会根据教学需要设计各类教学语言并在教学中灵活运用。

（3）准确科学地运用教学语言，做到语音准确、音量适宜、语调自然、语汇丰富、语速适度、语态大方。

（4）准确客观评价自己或他人的教学语言技能，并能修正不足，不断提高。

2. 教学语言训练建议

（1）要言之有据。

（2）要言之有物。

（3）要言之有法。

（4）要言之有情。

3. 教学语言技能评价单

在听课时对表 2-1 中各项目进行评价，在恰当等级画 √。

表 2-1　语言技能评价记录表

课题：		执教：				日期：	
评价项目		好	较好	中	差		权重
1. 普通话标准		□	□	□	□		0.10
2. 吐字清楚，速度、节奏适当		□	□	□	□		0.10
3. 语调有起伏，富于变化		□	□	□	□		0.05
4. 用语规范、准确		□	□	□	□		0.15

评价项目	好	较好	中	差	权重
5. 语言目的明确，主次分明，表达简明，重复恰当	□	□	□	□	0.15
6. 语言流畅、连贯、有条理	□	□	□	□	0.10
7. 语言生动、形象，有激励作用	□	□	□	□	0.07
8. 语汇科学、多样、无语病	□	□	□	□	0.10
9. 语言有启发性和应变性					0.10
10. 使用体态语，眼神、手势、微笑等恰当，能起强化作用					0.08

对教学中实施语言的建议

第二节　提问技能——组织教学的技巧

提问是教师运用提出问题和处理学生答案的方式，了解学生的学习状态，启迪学生的思维，促进学生参与学习，使学生理解和掌握知识、培养能力的一类教学行为。提问技能是物理教师在课堂教学中常用的一种教学技能。提问在培养学生的思维能力方面有着特殊的重要作用，是解决问题最有效的教学行为。

提问在教学中的应用可以追溯到古希腊教育家苏格拉底，他主张通过"产婆"式的追问，启发学生思考，使学生发现真理。德国教育家第斯多惠也指出："他们（教师）从学生现有的发展水平出发，通过一些影响学生的认识能力的问题来引起学生的主动性，而且不断地激发他们，引导他们获得新的认识和生产新的思想。"因此，教师在课堂上有目的地设置物理问题，创设问题情境，利用巧妙的提问，引起学生的思考，激发他们的认识兴趣和认识矛盾，激起探究的愿望，使他们积极参与学习。

在各种教学技能中，提问技能是比较复杂的教学技能。根据上述提问技能的概念，它具有如下特征：

第一，激励性。引导学生获得知识的教学过程，就是揭示矛盾和解决矛盾的过程。教师通过提问，把需要学习的新知识与学生已有知识和发展水平之间的潜在矛盾表面化、激烈化，激励学生运用已有知识和生活经验，积极思考、探索，去解决矛盾，获得新知识。原有的矛盾解决后，新的矛盾又产生了，一环紧扣一环，一连串由简单到复杂、由低级到高级的问题，能够激发学生的思维，激励学生向较高的目标奋进。

例如，关于牛顿第一定律的教学，教师通过举例概括出"没有力物体就不运动"的现象，得到"力是维持物体运动的原因"的结论，契合学生的认知。然后举例证明，没有力的时候物体也可以运动，因此"力不是维持物体运动的原因，而是改变物体运动状态的原因"。在此过程中，不断激励学生思考，到底力与运动之间存在什么样的关系。

第二，阶段性。一是随着课堂教学的进展和学生对所研究事物认识的程度，在不同的教学阶段提出不同类型的问题。二是教师为了激励学生获得新的知识而提出问题，并从学生中引出希望得到的回答，将提问过程分为引入阶段、陈述阶段、介入阶段、评价阶段，使提问促进学生遵循认识事物的规律，从而获得知识，发展思维。例如，在分析牛顿第二定律的应用时，对于层次比较一般的学生，教师应该分阶段引导他们研究物理过程，可以先问学生物体受到几个力的作用，然后要求学生分析合外力的大小和方向，再根据牛顿第二定律计算运动的过程。

第三，互变性。改变教师"一言堂"的教学模式，使学生参与教学，在师生相互作用中实现教学目标。物理课堂教学的主体是学生，教师的角色应该是学生学习的引导者和组织者。教师要利用各种途径了解学生学习的状态，为学生提供发言的机会，这样才能更好地完成教学任务，实现教学目标。

一、提问的方法

在物理教学中，需要学生学习的知识是多种多样的，有现象、过程、原理、概念、规律等。这些知识，有的需要记忆，有的需要理解，有的需要分析、综合等。除了知识的多样外，学生也有着不同的认知水平。因此，在课堂教学中教师应采用多种类型的提问技能。根据学生认知水平的不同，可以将提问技能分为以下 6 种类型。

1. 回忆提问

回忆提问是检查学生对已经学习的知识记忆程度的提问。学生回答这类提问，只需要根据自己对知识的记忆，按照教材上的表述说出来即可。回忆的知识包括物理现象、概念、规律、公式，以及物理研究方法、物理思想等。回忆提问可以强化学生对知识的记忆，为后面的教学做好知识准备。

例如，在复习机械能守恒定律时，教师可以问学生："上节课我们学习了机械能守恒定律，请大家回忆一下，这一定律是在只有重力和弹力做功的情况下成立吗？"学生回答"是"。像这样的提问是一种"二择一"的提问，学生只需要回答"是"或者"不是"，"对"或者"不对"，不需要进行深刻的思考。而且像这样二择一的提问，一般是集体回答，不容易发现每一个学生对知识的掌握情况，因此不宜多用。但是，它对于集中学生的注意、活跃课堂气氛、连贯教学过程等还是有一定的作用。

在检查学生对知识的记忆情况时，较有效的方法是让学生表述物理知识，这样更有利于教师得到教学的反馈信息。例如，在机械能守恒定律教学中，教师可以问学生："上节课我们学习了机械能守恒定律，下面我请一位同学说一下这一定律成立的条件。"又如，在学习了光的反射和折射规律后，教师可以提问学生："光的反射和折射各有什么样的规律呢？"

2. 理解提问

理解提问一般是在某个概念、规律讲解之后，用来检查学生对新学到的知识与技能理解情况的提问。学生回答这类提问，必须对已学过的知识进行回忆和重新组合，用自己的话进行叙述，揭示事物的本质。

（1）对现象、概念、规律和方法等进行描述的提问。这类提问的回答要求学生对物理现象、概念和规律等用自己的话进行描述，以便了解学生对所学知识是否理解。例如，在上完牛顿第二定律的应用课后，教师提问："你能用自己的话叙述运用牛顿第二定律求解物理问题的方法步骤吗？"又如，在学习机械功后，教师可以提问学生："谁能用生活中的实例解释机械功的含义呢？"

（2）对新学知识与原有知识结构建立联系的提问。这类提问的回答要求学生首先真正理解所学习的知识，然后在理解的基础上将新知识与其系统和结构联系起来，最终形成对整个知识结构的理解。

例如，教师问："按运动的加速度特点分类，平抛运动属于哪种运动？"学生回答这个问题，首先要真正理解平抛运动的特点，知道做平抛运动的物体在整个运动过程中只受到重力的作用，又根据牛顿第二定律，可知其加速度保持不变，因此属于匀加速曲线运动。此类提问既检查了学生对新知识的理解程度，又巩固了前面的知识。

（3）对现象、概念、规律和方法等进行对比的提问。这类提问的回答要求学生用自己的话对物理现象、概念和规律等进行对比，以达到区别它们本质的不同，更深入地理解这些物理知识的目的。例如，学完"电势"这一内容后，教师可以提问："刚才我们学习了电势，在学习电势的过程中，我们发现电势与前面学习的电场强度有很多相似的地方，当然也有区别。下面我就找同学说说电势和电场强度的区别与联系。"学生回答这一提问，必须对已学知识进行回忆、整理，从定义形式、物理意义、计算方法、变化趋势等方面比较，才能较好地回答，实现深入理解这些知识的教学目标。

3. 运用提问

运用提问是建立一个新的问题情境，让学生运用知识分析、解决问题或解释现象的提问。引导学生运用概念、规律的教学中常用到这类提问。

（1）巩固所学知识的提问。通过这种形式的提问，教师既能从学生解决问题的过程中得到教学的反馈信息，又能使学生在运用知识的过程中进一步加深对所学知识的理解。例如，在学习了光电效应后，教师提问："某种金属在一束绿光照射下刚好能产生光电效应，现用紫光或红光照射时，能否产生光电效应？为什么？"又如，关于热胀冷缩这一知识点，教师问："炎热的夏天，打足了气的自行车轮胎在日光暴晒下有时会胀破，为什么？"

（2）导入新的教学内容的提问。在讲新知识点前，教师先提出几个运用新知识可以解释，并与生活、生产联系紧密的问题，引起学生的学习兴趣。在学生学习了该知识点后，教师再引导学生运用所讲的知识解决或解释开始提出的问题。此种提问方式既可以成功地导入新课，激发学生的求知欲望，使学生在愉快的状态下步入探索知识的思维中，又可以使学生在新知识学习完后及时地运用巩固，提高学习的效率。例如，讲比热容时，教师可先就几个与比热容有关的自然现象问学生："海水浴场中，烈日当头照，当人从海水中上岸时，走到沙滩上感觉很烫脚，这是为什么？初夏季节，有时天气不够暖和，不利于水稻生长，农民往往白天把水田里的水放掉，晚上再把水灌到水田里，这样做起到了什么作用？"

4. 分析提问

分析提问要求学生对某些事物、事件进行构成要素分析，其目的是要求学生识别条件与原因，或者找出条件与条件之间的关系、原因与结果之间的关系。这类提问都没有现成的答案，学生不能仅靠阅读教材或记忆结论回答，而是需要运用已有的知识和经验，寻找根据，组织语言，进行解释或鉴别，进行比较高级的思维活动。一般的形式是分析物理对象的构成要素和分析要素之间的关系。

例如，牛顿第二定律应用的一道题："一个静止在水平地面上的物体，质量是 2kg，在 64N 的水平拉力作用下沿水平地面向右运动，物体与水平地面间的动摩擦系数是 0.21，求物体在 4s 末的速度。"教师提问："这道题告诉了我们一些什么条件？要我们解决一个什么问题？""要求 4s 末的速度，我们还要知道一个什么物理量？这个物理量通过题中给出的哪些条件可以得到？"……教师通过提出这些问题，引导学生自己思考这道物理题目的结构要素及解答的方法和步骤。

又如，教师问："一个带电粒子射入匀强磁场中，其运动轨迹受哪些因素的影响？各因素对带电粒子运动轨迹的具体影响是什么？"学生通过对影响匀强磁场中带电粒子受到的力的几个物理量，以及影响运动轨迹的几个物理量进行分析，得到"带电粒子的运动轨迹受粒子的初速度、粒子带的电量和电性，以及磁场的强弱和方向的影响"，接下来学生又对各因素所产生的影响做进一步的分析。

5. 综合提问

综合提问的目的是要求学生在脑海里迅速检索出与问题有关的知识，并对这些知识进行分析，然后在分析的基础上把物理对象的各要素、各种关系统一考虑，形成整体认识，提出解决问题的新途径、新方法、新见解。它能激发学生的想象力和创造力，有利于培养学生的创新思维。

例如，教师问："能源对人类有什么意义？如果某一天能源被消耗殆尽，那我们人类会出现什么情况？"学生回答这个问题就要搜索与能源相关的一些知识，然后对这些知识进行分析综合。

又如，教师问："α 粒子散射实验的结果是：大部分 α 粒子几乎不改变运动方向；少数 α 粒子发生了运动方向偏转；极个别 α 粒子被靶片反射回来。这些事实使我们对原子结构可能形成怎样的认识？"

综合提问的表达形式一般是：

根据……你能想出解决问题的方法吗？

为了……我们应该怎么办？

如果……会出现怎样的一些情况？

假如……会产生怎样的后果呢？

6. 评价提问

评价提问的目的是要求学生运用自己的思想观点、评价原则及已有知识，对事物、事件进行价值评定，鼓励学生大胆进行评判并提出这样评判的理由。学生的评价活动属于高层次的认知活动。评价提问一般是让学生对别人的观点进行评价，或者是对解决问题的方法进行评价。

例如，教师问："有人认为，我们国家现在经济条件好了，浪费一点资源没有什么关系；甚至认为，从某种角度说，浪费资源反而有利于扩大消费、发展内需和国家经济建设。你是如何看待这个问题的？"

又如，关于一道竖直下抛的物理题："一人站在楼顶竖直向下扔物块。已知物块离开手的速度是 2.0m/s，楼高 20.0m。假设物块出手的位置靠近楼顶，不计空气阻力，物块到达地面的速度大小是多少？"对于此题，有的学生应用运动学的一些公式求物块到达地面的速度，还有一部分学生应用机械能守恒定律来解此题，结果相同，但是方法不同。这时教师就问学生："这两种解法，你认为哪一种比较好呢？并说明你的理由。"

对评价性提问，学生开始的回答可能质量不会太高，一般都通过"为什么"促进学生对事物进行判断，说明理由。有时还进行探询，追问："还有什么想法？""还有其他的办法吗？"等。这样会使学生意识到问题的复杂性，促使他们从多种角度去认识、分析问题和评价事物，发展学生的思维能力。评价提问的表达形式一般是：

你同意……？ 为什么？

你认为……？ 为什么？

你觉得……？ 为什么？

你相信……？ 为什么？

二、提问的作用

提问是教师促进学生思维、评价教学效果及推动学生实现预期目标的基本控制手段。因此，提问技能应达到如下目标：

（1）能把学生引入"问题情境"，启发学生思维。在教学过程中，教师针对学生的思维特点，有目的、有计划地提出问题，使学生的注意力迅速集中到特定的事物、现象、专题或概念上，并把学生引入"愤""悱"的境界，可以激发学生的学习动机，启发学生积极思维，主动获得知识。

（2）帮助学生认识事物的本质。良好的提问就是揭示所需要认识的事物的本质属性和引导学生解决矛盾的过程。通过提出一个个由浅入深的问题，解决一个个矛盾，可以帮助学生逐步认识事物的本质，获得新的知识。

（3）帮助学生系统地掌握知识。提问的设计一般以已有知识为基础，可以促进学生及时复习巩固已有知识，使新旧知识联系起来，形成良好的知识结构，系统地掌握知识。

（4）培养学生口头语言表达能力。教师提出问题，学生要迅速进行思考，整理已有的知识，组织表达的语言。通过问题的解答，能提高学生运用有价值的信息解决问题的能力及有效准确的表达能力，可以锻炼学生在大庭广众之下发表意见的心理承受能力。

（5）及时获得教学的反馈信息。通过提问，教师可以了解学生的认知状态，诊断阻碍学生思考的困难所在，并通过提问给予恰当的指导。同时还可以直接及时地得到自己教学的反馈，发现教学中的问题，及时修改教学方法，调整教学内容，不断调控教学程序。

三、提问技能的应用

教师在教学过程中有意识地利用提问，可以很好地促进教学。下面介绍几种常用的提问技能应用技巧，并通过例子来说明物理教师在教学过程中如何提问。

1. 提问技能应用技巧

1）在创设问题情境上要讲技巧

在物理教学中可以创造多种问题情境，在问题情境中更有利于吸引学生的注意力，使他们积极思考。

在创设情境中可以只用语言创设。例如，在讲解万有引力常量的测量时，可以用生动的语言描述当时的认知水平，对当时的科技发展情况作简要介绍，对引力常量的大小作比喻，让学生认识到常量有多微小。在此基础上设问：

引力常量如此微小，如何才能进行测量呢？

如果我们想要测量一个微小量，我们可以怎么做？

比如我们要观察一个微小物体，可以用什么方法？这种方法有没有什么地方是我们可以借鉴的？

而作为当时的测量者，库仑又是如何做的？这样做的好处在哪里？

通过问题情境的设置，学生能更深刻理解知识的产生过程，从而使物理能力得到提升。

在创设情境中也可以用实验，或用多媒体等手段使学生身临其境地学习，使学生认识到物理是活生生的，是来源于生活的，而不只是书本上的公式和定理。

例如，在杠杆的教学中，对于力臂和支点就可以用大量的例子，通过具体的例子设问，让学生具体回答到底支点在哪里，力臂在哪里。有的教师在讲解"力臂"时举引体向上的例子来做说明，要学生说出支点在哪里。兴之所至，就在教室的门上做个标准的引体向上让学生观察分析。

多媒体在动态演示和其他一些比较难想象的情境中更有它独到的作用。只有让学生在具体、生动的情境中学物理，他们所学的才是真正的物理，得到提升的才是能力。

2）在提问的方法上要注意技巧

可借鉴的提问方法有：

（1）围绕同一概念多方面设问。

例如，在加速度的教学中，教师问：

加速度大的物体速度是不是一定大？

速度大的物体加速度是不是一定大？

速度变化大的物体加速度是不是一定大？

速度变大的物体加速度是不是也一定变大？

加速度变大的物体速度是不是也一定变大？

加速度变小的物体速度是不是也一定变小？

教师通过多角度的设问，使学生在回答的过程中不断地加深对概念的理解，不断地修正自己的错误认识，从而真正理解概念。

（2）变直线式提问为阶梯式提问。直线式提问的特点是"一刀切"，问题处于同一层次和剖面，无视新旧知识的逻辑联系，无视学生个性差异与教学阶段的变化。因此，渐进性与针对性是阶梯式提问应遵循的原则，提问必须高度重视新旧知识的内容联系，必须有利于学生进行知识间的不断分化和综合贯通。

案例 2-1：自由落体运动

学习"自由落体运动"时，教师进行如下演示实验：

（ⅰ）金属片和纸片从同一高度由静止开始下落，前者先落地。

教师：从同一高度由静止同时开始下落，金属片比纸片下落快，是不是说明重物下落较快，而轻物下落较慢呢？

学生：（提出各种观点。）

教师肯定学生猜想，但不作评价，继续引导观察实验：

（ⅱ）纸片和纸团从同一高度由静止开始下落，后者先落地。

（ⅲ）金属片和纸团从同一高度由静止开始下落，两者几乎同时落地。

教师：是不是因为质量大小不同而导致金属片比纸片先落地，纸团比纸片先落地？

学生：纸团和纸片质量几乎相同，说明质量并不是决定因素。应该是纸片比金属片和纸团所受的空气阻力大。

教师：这说明影响物体下落快慢的主要因素是什么？

学生：影响物体下落快慢的主要因素是空气阻力。

教师：如果设法消除空气阻力，金属片和纸片哪个下落得快？

学生：可能同样快。

教师：如何消除或减小空气阻力？

学生：消除空气，将物体置于真空中。

教师：那么我们来看下面的演示实验，请同学们认真观察下述三种情况下羽毛和钱币在牛顿管中下落的快慢。①没有抽气时，羽毛比钱币慢很多；②抽去部分空气后，两者下落的时间差减小；③尽量抽空后，两者几乎同时落地。

教师：由以上现象，同学们可得出什么结论？

学生：消除空气阻力时，羽毛和钱币下落一样快。

教师：（小结）空气阻力是影响物体下落快慢的重要因素，物体由静止开始下落的快慢与它的质量大小无关。把不受空气阻力情况下物体的下落称为自由落体运动。

引出自由落体运动的概念，导入新课。

分析和点评：自由落体运动是高中物理一个很重要的理想化模型，自由落体运动的教学应联系实际进行启发式教学。在上述教学中，教师从实际事例出发加以实验演示，让学生自己突破原有"重的物体比轻的物体下落更快"的错误思维定式。教师逐步提出问题，综合运用分析提问、理解提问、综合提问，引发学生原有思维的矛盾，让学生自己得出正确结论，进而得出模型，进入教学情境中，既提升了学习兴趣，又在不知不觉中使能力得到了锻炼。

（3）化直为曲，异曲同工。课堂的提问如果只是一味地直来直去，启发性就不强。长此以往，学生对这样的提问会感到乏味，容易走神，从而在一定程度上妨碍了能力的发展。如果把问题换成"曲问""活问"的方式提出，则更能使学生开动脑筋。

案例 2-2："加速度"教学片段

教师展示分别测量轿车、摩托车和客车从静止到车速达到 60km/h 时所用时间的视频。视频完毕，教师给出一张表格，在解释什么是初速度和末速度后，让学生根据测量的数据计算三辆车从静止到速度达到 60km/h 的速度变化量。

车型 指标	轿车	摩托车	客车
初速度 v_0/(km/h)	0	0	0
末速度 v/(km/h)	60	60	60
速度变化量/(m/s)	16.67	16.67	16.67
所用时间/s	13.03	19.50	38.53
比较速度变化的快慢	速度变化最快	速度变化较快	速度变化最慢
速度的变化量与所用时间的比值/(m/s²)	1.28	0.85	0.43

然后教师接着问：哪辆车的速度变化最快？

学生：轿车。

教师：哪辆车速度变化最慢呢？

学生：客车。

教师：为什么同学们一下就看出了速度变化的快慢？你用什么办法判断的？

学生：看车辆达到相同速度所用的时间。

教师：还有其他的方法吗？

学生：看相同时间速度的变化量。

教师：如果速度变化量不相同，速度变化的时间也不相同，怎么判断速度变化的快慢？

学生：用速度变化量比上速度变化的时间。

教师：他采用了比值的方法，用速度的变化量与速度变化时间的比值来判断速度变化快慢。下面请同学们用比值的方法计算一下车辆速度的变化快慢分别是多少。

学生计算……

教师：同学们看一下，计算出来的比值与速度变化快慢有什么关系？

学生：比值越大，速度变化越快。

教师：对，也就是说，我们可以用速度变化量与所需时间的比值来表示速度变化的快慢，当比值大的时候，速度变化快，反之则慢。在物理学中我们把这个比值称为加速度。

这个教学片段是非常精彩的。首先，问题情境的创设非常顺利，所花时间不多，教师引导学生学习的效率较高。其次，问题情境的创设直指本节课的中心内容——加速度，而且教师引入的实例都是学生平常所熟知的。教师要求学生思考什么，指向性非常明确。从速度的变化到速度变化的快慢，直至加速度概念的引入都非常清晰、自然。在学生有效体验的基础上，教师一步一步地引导学生把问题的答案引出来，达到预期的学习效果。

3）对学生的回答评价要注意技巧性

在提问过程中，教师应始终注意学生的反应，在学生回答过程中及时加以引导，使他们对问题的理解更加深入，及时纠正偏差。评价时，应先对学生的回答做出复述，并向学生加以证实，如"你的意思是这样吗？"。一定要使答案明确，不可模糊。同时，应先肯定优点，后指出错误。对回答不出问题的学生，也要适当地给予鼓励。用讽刺或不满的语气会伤害学生的自尊心和自信心，使课堂的气氛僵化，不利于学生的思考和学习。因此，教师应该以鼓励的语言和口吻来促进学生的回答，以形成良好的课堂气氛。

例如，在"加速度"概念结束后，教师通过提问让学生加深对概念的理解。

教师：下面我们看一下刘翔跨栏的画面，大家听一下解说员说的话。

（刘翔跨栏比赛视频）

教师：解说员说什么？

学生：刘翔起跑特别地顺。

教师：大家都听得非常仔细，那么大家能否告诉老师，解说员说"起跑特别地顺"是什么意思呢？

学生：很短的时间内速度达到很大。

教师：这位同学回答得非常好，刘翔起跑很顺说明他起跑用的时间比较短，也就是说，加速度大（学生回答，教师重复）。那么我们发现，研究加速度在研究追击问题的时候也有现实意义。

片段中教师设置情境引导学生观察刘翔跨栏比赛视频，引导学生解读"刘翔起跑特别地顺"中"特别地顺"的含义，通过对学生回答的肯定和重复，自然而然地达到加深对加速度概念理解的目的。

2. 提问技能的原则

（1）在课前，教师必须设计好关键问题或主问题。这类问题对实现教学目标起到至关重要的作用。这类问题的设计应从教学内容要求和学生认知需要两方面考虑。

（2）问题设计要紧扣教材内容，围绕学习的目的要求，抓住关键点重点突破，揭示薄弱环节。

（3）以实验现象和日常生活或已有知识、经验为基础，提出符合学生智能水平、难易适度的问题。

（4）教师一定要根据学生的年龄和个人能力特征，设计多种认知水平的问题，使多数学生能参与应答。

（5）要预想到学生回答的内容中可能会出现的错误或不确切的地方，及时采用归纳、小结等方法帮助学生思考，正确地回答问题。结合教学内容，利用学生已有的知识和经验，合理设计问题，并预想学生的可能回答及处理方法。

（6）提问的时机要得当，孔子曾说"不愤不启，不悱不发"。可见，只有当学生进入"愤悱"的状态，才是对学生进行"开其意"和"达其辞"的最佳时机。教师要把握好这一时机，提出问题，并及时地为学生解惑。

（7）问题的表达要简明易懂，最好用学生的语言提问。提问时教师态度要亲切，不要用强制回答的语气和态度提问。

（8）凡是已形成的提问框架，要注意单个问题之间前后的内在联系，问题排列符合学生的思维进程。提问时把握好时机，使学生能循序渐进，解决主问题。

（9）对学生回答的反应，应坚持以表扬为主的原则。不仅要充分肯定那些正确的回答，同时对有缺陷或不正确，甚至完全错误的回答，也要分析其中的积极因素，给予表扬和鼓励。

四、提问技能的评价

提问技能作为教师引导开展教学的重要手段，在教学实际中具有非常重要的作用。一般对教师在课堂教学中运用提问技能的情况做定性的分析评价。为了全面反映教师提问技能掌握和运用的情况，在某些情况下，对教师的提问技能可做定量的等级评价。表 2-2 可作为定量评价的依据和定性评价的参考。

在听课时对表 2-2 中各项目进行评价，在恰当等级画√。

表 2-2　提问技能评价记录表

课题：		执教：		日期：				
评价项目				好	较好	中	差	权重
1. 问题内容明确、重点突出、有思考价值				☐	☐	☐	☐	0.15
2. 问题的内容符合教学内容需要，适应学生的认知水平				☐	☐	☐	☐	0.15
3. 问题的设计有层次性，遵循学生的认知发展规律				☐	☐	☐	☐	0.10
4. 问题的措辞清楚，能使学生明确学习情境和学习任务				☐	☐	☐	☐	0.15
5. 提问有启发性，激发学生的物理想象力和创造力				☐	☐	☐	☐	0.10
6. 教师提问的态度亲切热情，适当停顿，给学生思考组织答案的时间				☐	☐	☐	☐	0.15
7. 提问后教师恰当地给予引导，帮助学生回答问题				☐	☐	☐	☐	0.10
8. 学生回答问题后，教师及时进行评价，评价合理				☐	☐	☐	☐	0.10

对教学中实施提问的建议

第三节　变化技能——调控进程的技巧

变化技能是教师运用变化教学媒体，变化师生相互作用的形式，以及变化对学生的刺激方式，引起学生的注意和兴趣，减轻学生的疲劳，维持正常教学秩序的一类教学行为。变化教师教态、学习活动等学习环境中各个因素的呈现形式和程度，能有效刺激学生的注意力集中在正确的目标上并维持相当的程度和时间，实现教师引导和学生学习的优化组合，形成活跃、开放的教学环境。

物理教学中，变化技能的运用就是变换对学生的刺激，包括刺激物、刺激方式的变化等。要让学生将注意力集中于学习活动，并能稳定保持具有一定品质的注意力。教师应该明确，学生学习的注意力并不是只凭课堂纪律就能维持的，也不应该只由课堂纪律的约束来维持，而是要通过教学环境中的各种变化来实现。例如，教学材料的刺激方式的变化、教学媒体的变化、教学组织形式的变化及教师教态和情感表达的变化等，都能帮助学生集中注意力，促进学生与教师和教学材料进行情感的交流，并且能够消除疲劳，维持好奇心和敏捷思维，激发创造力。因此，变化技能的实施能促进学生进行有效的学习活动。

一、变化的方法

在物理课堂教学中，需要用到变化技能的地方很多，变化技能的类型也非常丰富。教师应根据实际需要，选择最恰当的变化，提高教学的效果。

1. 教态的变化

教态的变化是指教师在教学过程中的神情、手势和身体位置的变化。这些变化是学生视觉直接感受到的变化，因此能引起学生高度注意。

1）口头语言变化

教学中，教师声音语调的高低、音量的大小、语速的快慢、节奏的紧张或舒缓和停顿都是声音变化的体现。声音的变化在吸引学生注意力方面具有明显的效果，可使教师讲解、叙述富有感染力和重点突出，可以调控教学活动中学生的反应。

例如，利用高音调、停顿等引起学生的注意，制止喧闹、走神等与课堂教学无关的行为；利用放大音量、减慢语速来强调重点、难点；利用停顿可以提醒学生停止不利于课堂秩序的行为，还可以给予学生体会、思考的机会。

2）体态语言变化

在教学中，对教材内容的变化、学生的表现及回答问题的情况，教师应有表情、神态上的变化。教师的表情对激发学生的情感具有十分重要的作用。在整个教学过程中，教师通过神情的信息传递，使学生感受到教师的亲切、平等、热情和耐心，进而形成和谐的课堂气氛。

教学体态变化包括神情状态、眉目等面部表情的变化、头部动作和手势的变化、躯干活动的身姿变化、身体位置的变化等。教师通过体态语言的变化，能表达更多的情感信息。

例如，在介绍完"匀变速直线运动速度变化规律"之后，教师要求学生计算从静止开始做加速度为 $2m/s^2$ 的匀加速直线运动的汽车的末速度。当学生计算出 3s 末、10s 末的速度后，教师要求学生计算汽车行驶 1h 后的速度大小。学生计算发现末速度达到一个不可思议的值。教师就可以用非常夸张的表情，用手做"飞行"动作，同时说：难道我们的汽车还能飞起来？

教师通过语气、表情、动作等体态变化，引导学生反思问题所在，理解物理规律是有适用范围的。下面分别介绍教师常用的几种体态变化方式。

（1）目光变化。在目光接触、情感交流中，教师可以捕捉反馈信息，如学生听讲是否专心、是否感兴趣、是否听懂了等。教师通过与学生目光的接触，表达出对学生的探询、要求、喜爱、信任、期待和鼓励。例如，当教师提问时，往往会借助目光鼓励学生。

（2）面部表情变化。面部表情是丰富的，也是最有学问的。许多教师微笑着走进课堂，学生会从中感受到教师对他们的关心爱护、理解和友好。教师面部表情多是微笑、兴奋、欢喜、高兴，偶有严肃、生气、板面孔，这些表情都蕴涵着教育含义。运用好面部表情的变化，对教师的教学工作有很大帮助。

（3）头部动作变化。头部动作有多种，使用较多的是点头、摇头，用于师生之间传递信息和反馈信息，教师可根据学生的反应做教学上的调整，学生还可以根据教师给予的点头肯定或摇头否定等反馈信息调整自己的学习行为。教师有时也用侧头做送耳姿态，表示自己在关注听，也提醒其他学生注意听讲，以便交流和讨论。教师头部动作的运用能在不打断学生思维和口头表达的情况下，起到暗示、鼓励作用，同时又维护了师生之间和谐民主的课堂气氛。

（4）手势的变化多是比划动作。它可以帮助学生理解如方位、数量、大小、多少等有关事物的概念、范围和层次等。恰当地利用手势配合语言表达可以加重语气、突出重点，使学生加深印象。课堂教学中常用的手势可分为三类：

第一种是象征性手势，可以直接表示抽象的意念，一般有相应的语言意义。例如，用大拇指表示对某个问题或某个人的肯定评价。又如，在讲解库仑定律时，用握拳表示空间的带电小球等。

第二种是说明性手势，可以增加语言信息的内容和起解释作用。例如，用手指的数目变化表示讲话的系统顺序；在讲到物体的位置变化趋势时，用手指吸引学生的视线和注意，可以加深学生对相应物体运动过程的理解；在讲解电场线和磁感线时，在图示的基础上，用手比划出空间球形等，表示电场和磁场是在空间存在的，并不是只在某个平面存在。说明性手势能有效帮助学生对物理概念规律的学习掌握。

第三种是情感性手势，可以增加口头语言的分量。教师结合讲课内容的情感变化，手自然随着上扬、下压、握拳，手臂或手指的挥动、屈伸，表达兴奋、压抑、激动等情感，用以加强课堂口语的感情色彩。

（5）身体位置的变化。这是指教师讲课时身体的移动。课堂教学中，教师身体位置的变化有助于传递信息和沟通师生情感。教师恰当地运用身体位置的变化，能吸引学生的注意力，调动学生的积极性。在教学过程中，教师不宜始终站在一处，这样会使课堂气氛变得单调。例如，学生在进行实验研究、课堂练习或参加小组讨论时，教师可以在学生中间缓慢走动，变化身体位置，这样可以了解学生情况，便于检查、辅导、督促，还能缩短师生之间感情上的距离。但是，教师身体位置的变化不宜过多，特别是当学生在看书、听讲时，教师在学生中间频频走动，会影响和分散学生的注意力。教师移动身体位置也不宜动作过大或过快，这样会造成过大响动或产生不雅的身体形象。

2. 教学媒体的变化

教学媒体的变化是指教师根据教学内容、教学目的和学生认识的特点，运用不同功能的教学媒体及与其相适应的教学方法，进行变换运用，使教学媒体的功能优势得以发挥，进而能够在课堂教学过程中提供生动具体、形象鲜明的各类教育教学信息资料。针对具体的教学环节的要求，变化教学媒体还能够积极调动学生的各种感觉器官参与，对学生眼、耳、手等各种感官进行有的放矢的刺激，并提供良好感知教学活动的学习机会，让学生的思维系统开放，积极主动地思考，参与教学过程，获得课堂教学的最佳效果。

教学媒体的变化包括教学媒体的选择、教学媒体运用的时机选择、教学媒体运用的过程控制三方面。

1）教学媒体的选择

教学媒体选择的主要依据是教学内容、教学目的和学生认识的特点，以及在多种选择方案下的最优原则。物理教学中常用的信息通道和媒体形式有：听觉通道和媒体、视觉通道和媒体、触觉通道、多种感官结合的通道等四个方面。

听觉通道和媒体是教学中使用率最高的，也是学生学习中最经常使用的接收和表达信息的方式，包括教师讲解、学生发言、音频播放，还包括有关声音的演示（如讲解多普勒效应时用实验演示）等。利用听觉媒体，能使学生在接收信息的同时展开想象和思考，不易疲劳。

视觉媒体具有形象、直观、生动的特点，能较好地吸引学生的注意力，激发学习兴趣，是效率较高的信息传输形式。视觉通道可以使用的媒体较多，如板书板画、照片、投影片、模型、实物及模拟或实验演示等。但是，只使用视觉媒体或者一直使用某一种视觉媒体，容易造成学生的疲劳，因此需要根据教学实际灵活变换使用。

触觉通道是让学生对生活实际能感知的物理现象进行重复，在亲身体验的同时着重体会和思考感觉现象中蕴涵的物理知识和规律。

多种感官的结合利用能在教学中起到很好的效果，要让学生积极利用多种感官接收信息，能多角度、更立体地理解现象、分析问题、表达想法。在教学中，教师播放视频、课件时，通常会对播放内容进行讲解，这便是同时运用视、听通道媒体。

以上介绍的不同信息传输通道和相应的教学媒体各有优点，也都存在一定的局限性。教学设计时，考虑选择什么样的教学媒体，先要依据教学过程各阶段的需要和学生认识的特点，决定教学内容的各个部分分别采用哪一种或哪一些信息输入、输出通道。在选定各教学内容对应使用的信息通道后，再决定具体的教学媒体。例如，展示"形变和弹力"的现象，已经选择利用视觉通道来提供形象的教学材料，那么是实验演示、视频播放，还是两者结合使用，或采用其他方式，要考虑是否能够利用现有的或者通过开发媒体条件来满足设计的要求。在教学设计中，教师可能会有多种可选择的方案，应考虑各种方案中投入和效果之间的关系，选择最佳的方案。

2）教学媒体运用的时机选择和过程控制

教学媒体运用的时机选择和过程控制同样也需要根据具体教学内容、教学目标和学生认识的特点灵活运用。要让学生有充分的自主学习的机会，引导学生主动思考。

例如，"卡文迪许扭秤实验"的课件中提供了学生认识实验装置的形象材料，在对"金属丝""平面镜""T形架"等实验装置部分的设计巧妙之处的讨论中，有的课件把答案的呈现也做在程序之中。如果教师根据课件的原始设计一步一步播放，则学生只能是作为接受者了解实验装置的设计，并不能真正体会"放大法""转化法"等物理研究方法。因此，在这样的教学资源条件下，教师可以先提出问题，在学生积极思考讨论的基础上，再让学生知道答案。学生经历了思维的碰撞，在自己的设想和物理学大师的设计思想方案的对比中，能收获更多的情感效果，以及更扎实的知识和方法的理解效果。

因此，对教学媒体的运用和控制，需要在对实际教学内容、具体教学目标等因素的分析基础上综合考虑，制订有效的运用方案。

3. 相互作用形式的变化

相互作用形式是指教学过程中，学生接收教学信息的来源和活动形式，以学生学习活动形式不同分类。例如，教师与全体学生的对话，教师与个别学生的对话，学生与学生之间讨论或小组实验，学生与教学材料如教学媒体、教具、实验仪器的信息传递等。

教学中让学生积极与教师、同学、教学材料相互作用，是引导学生主动把自己作为开放系统，与外界交换信息，促进学生学习的有效和重要的策略。相互作用形式的变化同样要根据教学内容、教学目标和学生的特点来设计，争取能让学生在合适的学习活动中以较高的效率实现三维教学目标的达成。例如，在科学探究教学过程中，教师作为学生学习活动的参与者，较多地利用与学生简单的对话，引导学生与教学情境直接对话，与同学讨论，与自己（前概念）辩论，在自主、合作、探究中建构知识，体验过程，培养科学研究的兴趣和意志。

4. 教学过程的节奏流程的变化

教学过程的节奏流程的变化是指教学过程中各个环节，通过对教学活动的变化设计，引起学生情感随教学的推进而变化，是教学各个要素情感交流的过程。教学过程中，随着认知过程的发展，师生的情感也应该是波澜起伏的，有过渡、有积聚、有高潮，既有使人兴奋激动之处，又有使人平静之处，是动与静的交替。学生的思维发展和学习情绪时而如顺水推舟，和谐发展；时而如云雾迷盖，不知方向；时而则拨云见日，豁然开朗。教学过程的节奏流程发展变化能达到良好的情感效果，使师生在教学过程中情绪和身体不感到疲劳，促进教学中的认知过程的发展。

有学者将教学过程的节奏流程变化做如下论述："教学过程的节奏流程可概括为抑、扬、顿、挫四个意境。抑表示和风细雨、娓娓动听；扬表示铿锵有力、激动人心；顿表示戛然而止，造成悬念；挫表示转折、转化，从而达到新的意境。抑、扬、顿、挫四个情感过程意境的变化，要根据教学内容的特点，与认知过程协调发展。在介绍演示仪器、问题背景材料等活动中，通常是和风细雨慢慢道来；在引出问题时，一语将潜在的矛盾点明而又戛然而止，引起学生思考；在形成结论强调重点时铿锵有力；在分析问题时，先列举种种错误的思路，好似山重水复疑无路，然后话锋一转点出正确思路，出现柳暗花明又一村。"

以上一段文字对教学过程的节奏流程变化做了精辟论述，表现了通过变化使学生的学习思维和情绪出现了良好的变化发展过程。教学中，教师要做好引导，让学生自己在情境中发现问题、分析问题，并通过思考、讨论、实验等学习活动得到结论，使作为教学主体的学生通过自己的观察分析等得到丰富的情感变化体验，学生能完全投入、沉浸在良好的学习情境中，"不知不觉"地完成高效的学习。

二、变化的作用

教学中，教师熟练运用变化技能可以实现以下教学功能。

1. 激发并保持学生对教学活动的注意力

注意力是课堂教学中学生学习的一个重要因素。课堂教学中，物理教师运用变化技能，可以用新奇的刺激物，如在教学过程中播放视频、进行教学内容的练习等，使学生的注意力始终集中在教学上，沉浸于教学的意境之中。

2. 引起学生的学习兴趣，激发学生的求知欲

学习兴趣是学习动机中最基本、最活跃的因素。在教学过程中，教师利用教学组织形式、教学活动形式等各种形式的变化，避免单调、枯燥、乏味的教与学，可以引起学生的学习兴趣，调动学生的学习积极性和求知欲望，使学生全神贯注地学习和思考。

3. 在不同的认知水平层次上为学生提供参与学习的机会

学生作为教学主体要主动积极地参与教学活动，要求教师呈现的教学材料能引起学生的积极思考和反应。由于不同学生在某一阶段的认知水平和学习能力存在差异，对信息的接收、理解和反馈程度不同。教师运用变化技能，通过不同的信息传递方式，能让更广泛的不同学习能力的学生参与学习活动。若呈现物理问题情景，有的学生只需要语言说明便能通过自己的想象理解，有的学生则需要教师提供图示、实物演示或视频。例如，有关"加速度"的教学，教师在引入中，用飞机、汽车、摩托车研究"不同加速度物体同时启动的速度比较"场景时，部分学生能凭记忆想象出场景，而大多数学生需要用视频来展现比较过程。有的学生在教师的讲授中能理解教学的重点、难点，大多数学生则需要通过讨论、实验探究等才能理解知识。因此，运用变化技能，提供多样的信息交流方式，有利于全面提高教学质量。

4. 创造活跃、开放的教学环境

教学中，课堂的学习环境对学生的学习情绪有直接影响。学生注意力高度集中要消耗相当的体力和脑力。长时间集中注意力于同样的一个或一类对象时，学生会疲惫不堪，反而影响学习效率。教师利用变化技能，充分利用多种传输通道传递信息，尽可能调动学生的不同感官，有效、全面地向学生传递教学信息，并以此与学生充分地进行多渠道的交流，使教师、学生、教学材料之间的交流在不同教学元素的变化中顺畅、高效地进行，学生会情绪高涨，心情愉悦，把自己作为开放的系统与教师、教学材料进行对话，形成良好的课堂气氛。在良好的气氛中，教师根据教学过程中不同的教学内容和阶段教学目标，变化教学方式，能使学生更好地进行自主、合作、探究学习，提高教学效率。

三、变化技能的应用

变化技能是最具有教师个性的教学技能，由教学中具有"变化"特征的一类教学行为组成。作为吸引学生注意力、调控学生的思维和情感随教学过程而变化、提升教学效率的教学技能，变化技能须具备以下几个要素。

1. 变化设计

变化设计的技能要素是指在教学设计中对教学活动中变化因素如何活动的预先设计。物理课堂教学活动是在教师根据教学内容、教学目标和学生的认识特点的精心安排下进行的。对构成教学活动的信息传输方式、课堂组织形式等各个组成因素的应用也不是盲目的，而是有计划的，是为教学服务的。教学活动中的因素也正是教学活动中的运用变化技能的变化因素。对变化因素的良好设计是开展有效教学的重要保证。

变化设计要求教师从教学目标出发，对教学过程中的变化结构理智控制。变化设计主要是对教学媒体、师生相互作用形式、教学过程节奏流程的变化做预先的安排，教师根据教学实际合理安排这些教学因素的变化，以求达到最佳的教学效果。

2. 变化实施

变化实施的技能要素是指教师在教学活动中对变化设计的实际运用。要求在教学实际中能有效运用设计好的变化计划，并能根据教学实际结合各种方法使课堂中各种因素的变化合理而灵活地呈现。

教学是在学生与教师的对话中进行的，实施变化设计的计划时，并不是每时每刻教师的言语声音、神态表情、身体动作等都是事先设计好的。教师各种语言信息的表达需要根据教学实际中学生的反应而变化，需要利用教态的变化调控教学活动的进行。教师通过教态的变化，体现了在特定教学情境下的情感变化，是情感支配下的行为变化，有效传递教师对学生的关注、期待、鼓励、肯定或纠正的意思表达。

3. 协调变化

协调变化的技能要素是指教学中要将各种变化方式有机结合，相互配合，自然过渡，协调应用。

教学系统中各因素的有效作用是相互影响的。各种变化手段在实际应用中也不是彼此独立的。在实施变化技能时，更要使各变化方式配合作用，将计划的变化和由情感而发的变化有机结合。

教学需要投入情感，而情感必须以理智为基础，受理智的调节并与其保持一致。物理教学中的理智表现为对教学目标、内容、情境的自觉的意识，体现为对教学过程的结构和流程的设计意图，体现教学服从教学目标和内容的要求。教学中的情感是教学艺术的需要，情感被教育研究者视为动力因素，对理智有发动、激励、维持的作用。在非智力因素参与下的认知活动，思维更加活跃、情绪更加饱满、印象更为深刻。有情感的教学是富有生气和艺术感染力的教学。

4. 师生交流

师生交流的技能要素要求教师在教学实施各种变化过程中，要注意加强与学生的交流，才能有效达到变化技能的教学效果。

教学的主体是学生。教师与学生的交流是使学生通过教学活动达到教学目标的保证。交流是双向的，教师的情感变化与学生的情感变化必须是一致的。当两者脱节时，教师应关注学生，并根据学生的表现自然地调节自己的情感。否则，教师的表现就显得突兀，甚至滑稽可笑。

要做好师生的交流，教师首先要了解学生的兴趣特点，提供合适的刺激变化让学生乐于与教师进行情感的互动交流；其次需要注意观察学生的情感变化，让学生的认识与教学过程协调发展，与教师的情感发展不脱节；最后要注意设置教学情境，做好铺垫，为引导学生情感态度的变化提供背景支持，让学生的情感自然变化。

四、变化技能的评价

变化技能是最具教师个人教学艺术个性的教学技能。在教学实际中，一般对教师在课堂教学中运用变化技能的情况做定性的分析评价。为了全面反映教师变化技能掌握和运用的情况，在某些情况下，对教师的变化技能可做定量的等级评价。表 2-3 可作为定量评价的依据和定性评价的参考。

在听课时对表 2-3 中各项目进行评价，在恰当等级画 √。

表 2-3　变化技能评价记录表

课题：	执教：				日期：	
评价项目	好	较好	中	差		权重
1. 变化的设计符合教学内容的特点，能实现教学目标	☐	☐	☐	☐		0.10
2. 各种变化符合学生的认知水平和兴趣特点	☐	☐	☐	☐		0.10
3. 能利用多种途径传递信息、突出重点、突破难点	☐	☐	☐	☐		0.20
4. 能综合、灵活运用多种变化方法	☐	☐	☐	☐		0.10
5. 各种变化手段过渡自然	☐	☐	☐	☐		0.20
6. 教学变化行为富有感染力	☐	☐	☐	☐		0.10
7. 师生交流密切、不脱节	☐	☐	☐	☐		0.10
8. 教学过程中，师生情感发展有起伏，取得积极的情感效果	☐	☐	☐	☐		0.10

对教学中实施变化的建议

第四节　强化技能——巩固效果的技巧

教师熟练地掌握强化技能，具有十分重要的意义。强化体现了教学活动中学生学习的特点和教师与学生交流的重要性，体现了教师的主导作用。强化行为是教师主要依据"操作条件反射"的心理学原理，对学生的反应采用各种肯定或奖励的方式，使教学材料的刺激与希望的学生反应之间建立稳固联系，帮助学生形成正确的行为，促进学生思维发展的一类教学行为。

一、强化的方法

教学活动中，教师可以采用多种多样的方法对学生反应进行强化。从具体形式来看，教师强化技能主要有以下几种方法。

1. 语言强化

语言强化是指教师用语言评论方式对学生的反应或行为作出判断和表明态度，或引导学生相互鼓励来强化学习效果的行为。语言强化有三种：口头语言强化、书面语言强化和体态语言强化。

1）口头语言强化

口头语言强化有两种方式：一种是教师用语言评论的方式，通过表扬、鼓励、肯定或批评等方法，对学生的反应或操作活动表示自己的判断和态度，或者引导其他学生给予支持或鼓励；另一种是用言语提供线索，引导学生将他们的理解或猜想在客观实际中得到证实。

在具体操作中可以通过下面两种方法来进行强化。

（1）利用音量和节奏的变化来强化。例如，教师在讲授过程中，可以根据需要强化的要求改变音量的高低、节奏的快慢。这样，一方面可以促使学生的心理活动指向集中在教学内容上，另一方面还可以制止个别注意力分散或做小动作的学生。

（2）利用一些感叹词或简短评价语来强化。例如，在学生回答问题过程中，教师用"嗯"或"哎"等表示自己在聆听，可以促进学生进一步回答或论述问题；在学生回答问题之后，教师用"好！""非常好！""不错！""太棒了！""非常好的想法！""真聪明！""进步真快！"等来评价学生。

有时，教师还可以借助细节的评价达到增强学生学习的信心，提高其学习兴趣的效果。例如，评价学生"回答得很完整""你说出了一个十分有意思的想法""这个问题给我们提出一个重要的研究方向和方法""做得对，我很满意""继续做下去，你会越做越好""你可以为此感到自豪""你的构思很新颖，再仔细想一想"……

2）书面语言强化

书面语言强化是教师运用一些醒目的文字、符号、色彩对比等书面语言强化教学活动的行为。

在教学进程中，当教师正在长段地讲述课文或学生正在长段地回答问题时，课堂秩序较差，学生注意力容易分散，此时教师可以在黑板的一角写一个大大的"静"字。这既能有效消除干扰，又不影响正常的教学活动。又如，学生在黑板上板演书写后，教师可写上评语"好"，用红色粉笔写出批语。

教师在学生的作业、试卷、实验报告、成绩册上所写的"很完整""进步明显""很努力"等书面评语对学生的学习都具有强化作用。

3）体态语言强化

体态语言强化是教师用非语言的身体动作或者面部表情（体态语），对学生在课堂上的表现表示他的态度和情感流露。

体态语言强化是与口头语言强化密切相连的，学生能更强烈地感受到教师的肯定和鼓励，能收到更好的强化效果。常用的体态语言强化有：

（1）微笑：对学生表示赞许。

（2）鼓掌、举手：对学生的表现表示强烈的鼓励等。

（3）点头或摇头：对学生的表现表示肯定或否定。

（4）拍拍肩、抚摸头、握手、接近等：传递暗示、关心、友好等情感。

教师也可以利用表示惊喜或兴奋的表情和动作对学生在教学活动中生成的观点或方案表示强烈的赞赏，或者通过俯身表示对其关注，通过间接纠正实验装置引导学生探究活动，保障验证猜想的顺利进行。

2. 动作强化

动作强化是指教师运用非语言的身体动作，对学生在课堂上的表现表示出他的态度和情感，以此来强化教学的行为。

（1）站立位置和走动情况。教师在课堂上站立的位置、走动接近学生的情况都会产生强化效果。例如，教师站在讲台的一侧，相对接近了学生；教师走下讲台，走近正在回答问题的学生或正在做小动作的学生，就会起到鼓励或制止作用。

（2）身姿。身姿主要是头部和躯干两部分的变化。例如，点头、摇头、侧头表示不同的意思，而身体的前倾、后仰、左侧、右侧也能表示对学生的不同态度，都能起到不同的强化作用。

（3）手势。手势变化越多、运用得越广泛，强化作用也就越发相对突出。例如，拍手、举手、竖大拇指等表示对学生的表现给予鼓励或赞赏，摆手、竖食指于嘴唇等表示不同意或不要大声说话，带领全班学生鼓掌表示给予被表扬学生充分的肯定鼓励。

（4）微笑。在学生回答问题等学习行为的过程中或完成后，教师用微笑表示对学生的赞许，学生从微笑中可以得到鼓舞。如果微笑突然中止，这也是一种强化信息，可能学生的回答出现了错误或举止语言不当，这样可以促进学生重新思考、纠正错误。

（5）目光。教师讲课时要扩大目光的视区，始终把全班学生都置于自己的视线中，并用广角度的环视表达对每个学生的关注。要用眼神的交流组织课堂教学、捕捉反馈信息，要针对不同学生使用不同的目光点视，对认真听讲、思维活跃的学生要投去赞许的目光，对思想开小差的学生要投以制止的目光，对回答问题胆怯的学生要投以鼓励的目光等。目光是最常用的强化物，教师的目光要保持神采，要用丰富明快的眼神提高强化的效果。

3. 标志强化

标志强化是指教师运用各种象征性的标志、奖赏物，对学生的成绩或行为进行肯定或鼓励，使学生获得成就感，更有效地激发学生的学习热情。

例如，学生在黑板上板演正确时，教师可以用红色粉笔在黑板上打"√"，或勾画出重要或精彩的段落。在学生作业上加盖象征奖赏的印章图案，张贴解题规范或有独特见解的作业，对积极参与实验的学生或有良好合作探究学习的小组给予奖励等。

4. 活动强化

活动强化是指教师安排一定的活动，对学生在活动中参与和贡献给予奖励，促进学生自我强化和其他学生的间接强化。

安排的活动可以有：

（1）让学习有特长的学生代替教师上一片段的课。

（2）让实验表现突出的小组向全班介绍他们的思路和经验。

（3）让课堂练习中完成又好又快的学生接着思考改变情景条件或加深思维深度的问题。

（4）组织丰富多彩、形式多样的教学游戏。

（5）组织"角色扮演"，展现教学内容。

（6）组织竞赛性活动。

5. 记录强化

记录强化是指教师记录学生在教学活动中的表现和得到的评价，或者进行阶段性的测验和评价，使学生根据自己学习得到的评价标准，对自己进行自我评价。学生可以根据自己的进步，对自己进行奖励予以正强化，或者为了避免评价成绩下降和得到教师、同学的否定对自己予以负强化。

记录强化的做法可以张贴学生的进步图表，也可以利用学生的成长记录袋作为强化物的载体。

二、强化的作用

1. 集中学生注意力

通过反馈强化，学生积极参与课堂教学活动、积极思考等行为得到教师、同学的肯定，学生也从学习中得到收获，自己的努力得到肯定。这激发了学生进一步学习的愿望，对课堂教学充满期待，积极调动情绪和思维关注教学活动。因此，通过语言、教学活动等方式进行强化，调动学生积极思维，增强动机，可防止和减少非教学因素的刺激所产生的干扰，促使学生将注意力集中到教学活动中。

2. 促进学生积极参与教学

教学活动的主体是学生，在自主、合作、探究的学习方式下，学生需要积极思考、讨论、发言、实验探究，教师作为学习的信息传播者、组织者、管理者和参与者，对学生的积极态度和行为做出评价和反馈回应，调动学习积极性，强化积极参与教学的各种反应。这样能使教学系统各要素更加开放，提高教学效率。

3. 培养探索意识，发展思维能力

科学学习的过程需要学生经历对问题情境的分析、对解释的猜想和探究的过程。在学生的学习过程中，存在尝试与探索的过程，其对探索结果的预期就存在被证实或者被否定的可能。在教学环境中，教师提供线索和指引学生找到依据，使学生的预期最终被证实，这是对学生猜想信息的反馈，是对学生探索行为和思维的强化，是学生的内部强化。这样能积极培养学生的探索意识和克服困难的精神，发展科学探究的思维能力。

4. 帮助学生采取和巩固正确的反应行为

在教学过程中，通过对学生正确行为的强化，如思维敏捷、见解独特等，教师给予鼓励、赞赏等恰当的强化方式，学生体会到自己的认真学习得到教师、同学的肯定，心里有了满足感，会认识到行为的正确性并积极表现，其他学生通过间接强化也能有所体悟。因此，强化对于帮助学生正确行为和价值观的形成具有积极意义。

5. 统一全班认识，控制教学过程

强化是师生交流的一个重要载体。教师通过组织教学过程中的情境呈现，使学生对其做出反应。如果教师没有给予反馈，则学生的认识尝试活动会失去方向和动力，这样教学环节便失去控制，学生的思维活动变得混乱。强化技能的运用保持了师生之间、学生之间、学生和教学材料之间的相互作用，使大多数学生的思维和行为步调相对一致地沿教学计划有序发展。从这点来说，教师是通过强化技能的运用来引导学生集体的认识活动。

6. 促进学生自我管理和自我教学

教师在教学活动中运用强化技能，让学生明白强化的目标、对象行为和标准，学生通过对行为评价体系的体会和学习也会形成自己的评价体系。通过对学生之间以及自我评价实施

的指导，学生对自己正确的行为加以奖励，通过外部和内部强化进行自我强化，由此逐渐培养自我管理的能力和习惯。另外，学生通过对自己思维的分析和自我谈话，以及设置目标、记录和评价学习过程思维和行为、自我强化等过程，实现自我教学。自我强化帮助学生形成内在动力，自我教学使学生掌握终身学习的技能，具有十分重大的长远意义。

三、强化技能的应用

强化技能的教学行为是对学生的反应所采取的反馈措施，融会贯通于教学的各个环节之中。由于学生的反应具备生成性，在教学中无法准确估计学生对教学环境的刺激会有什么反应，因此强化技能也具备生成性。在预设时，学生针对问题情境、方案设计、实验操作等的具体反应，由教师的经验推断可以大概猜想得到，相应的哪些反应应受到强化也可以大概估计。但是，这些反应是由谁做出的，反应与教学目标的关联程度如何，教师并不能预先设定。因此，在教学实践中，难以对强化实施的时机和方式做全面而具体的设计。

然而，强化的应用是保证教学过程顺利推进的关键因素，也需要在教学设计中对其进行考虑。那么，在教学设计中，如何对强化技能的运用做好设计呢？

（1）教学设计各环节中，在对教学方案进行设计时，应该注意提供学生反应的机会，从而提供强化的可能。

（2）针对教学材料的刺激，学生的可能反应是可大概预测的。有些行为则是平时就能了解到的。因此，教师对学生在这一阶段应该达到的状态，或者希望学生反应的行为应有所描述和标注，体现在教学方案的设计中。这样能帮助教师在教学活动中快速而准确地发现学生反应中的闪光点，强化技能的灵活运用才有依据和方向。

（3）教学设计中，针对特定的教学活动，可以设计一些相应的强化方式。例如，随堂实验可以给积极参与实验的学生以实验产品作为奖励；或者在"头脑风暴"教学中给予表现良好的学生或学习小组上台讲演的机会，这可以预先把强化方式设计好。通过呈现预先设计的强化物，可以给学生惊喜，刺激班级学生在日后积极参与。

（4）针对不同的学生、学生的不同表现、表现的不同程度，该给予什么方式的强化，呈现或移去什么强化物，教师可以先了解，建立一个"数据库"，在教学活动中通过学生的具体表现灵活调用，给予合适的强化。

（5）强化程序的设计。在教学中，在不同的学段需要采用不同的强化程序。教师应设计好如何灵活应用。例如，单元测验如何安排，是否需要不定时测验；对哪些学生的哪些行为要采取定比强化，当达到一定反应次数后给予鼓励，如连续几次课的积极发言；对哪些行为又要设计不定比强化，在无预期的反应次数后突然给予强化，如多次主动提问的行为。这些都需要教师阶段性地进行规划设计。

1. 强化技能技巧

教师在教学实践中运用强化技能，是在多因素综合的环境中，在多种教学行为的支持下才得以实现。要有效地实施强化，教师需要在实践中通过思考，总结适合自己和学生的强化技巧，以便在教学中灵活应用。

1）创造和利用合适的时机

教师在教学中要创造机会，引导学生的状态使学生积极反应，并抓住合适的时机进行强化。例如，教学中通过创设问题情境，引导学生往教学目标的方向思考，引发思维的碰撞。当学生积极思考得出结论时给予外部强化，当学生表现出困惑时给予引导而使其进行内部强化。

2）选择合适的强化

针对不同的学生和不同的反应，根据预测效果不同，需要给予的强化不同。具体有：

（1）强化物的不同。例如，同样的奖励，有的学生会感觉兴奋，有的则不予重视。

（2）强化方法不同。有的学生能强烈感受到语言强化，如年龄较小的学生或刚进入新学习环境的学生，有的学生则发现在记录强化中自己的进步更能影响其进一步积极学习。

（3）强化时机不同。有的反应行为如简单应答可以进行即时强化，有的如探讨复杂问题需要滞后强化，有的学生需要在课堂上立即得到教师、同学的肯定，有的腼腆的学生可能还需要教师课后在与其交流中予以鼓励。

3）促进学生之间的强化和内部强化

教师在教学中可以通过让学生之间互相提问、互相评价等活动，让学生对同伴的学习反应给予引导和肯定。这样让参与活动的学生都能认识到反应的正确内容和程度，直接或间接地得到强化，更能促进学生相互合作学习、共同探讨提高的意识和行为习惯的形成。

教师通过创造条件，引导学生积极猜想、实验、验证、评估探究学习活动，能促进学生通过学习的过程，从学习中获得满足感和自信心，得到内部强化，其对知识技能的学习更具稳定性，对科学学习的兴趣得到提高。从长远来说，更能促进学生对科学世界持久的好奇心和探究欲望，使其在今后的生活中持续保持积极学习的态度与正确的思维和行为习惯。

2. 强化技能的原则

强化技能的运用能保证教学过程的有效推进，保持教学效果的连续稳固，引导学生形成正确观念和行为习惯，培养学生自我管理、自我教育的素养。在实施强化时，应遵循以下几个原则。

1）科学性原则

科学性原则是指强化的运用应能真正促使学生往正确的方向发展，达到教学的目标和培养正确的价值观。

遵循科学性原则，在运用强化技能时，首先应该注意教学目标要具体明确，准确判断学生反应中对实现教学目标有价值的东西，要对其具体的正确的行为进行强化，防止其误解强化的对象而重复不正确的行为。这需要以教师的科学素养作为基础，注意发现学生反应的闪光点，并在合适的时机以适当的方式进行强化。

2）一致性原则

一致性原则是指实施强化的内容、性质和标准要一致，强化形式和反馈信息要一致。首先，要注意对于学生的反应，强化的标准要一致。不能因为学生今天如此表现得到鼓励，却在隔天得到否定，这样学生会不知所措。也不能对不同学生的相同表现区别对待，给学生以特殊待遇，对成绩好的学生，表现出扰乱教学秩序的行为也应给予提醒，否则就会被理解为对其行为的肯定。其次，要注意教师反馈时，各种反馈的方式表达的信息一致。有的教师在反馈时过于随意，在对学生的不合理行为做出批评时脸上却带着笑容，学生会把教师的笑容当作对自己不正确行为的肯定而得到强化。这样的强化同时也违反了科学性原则。另外，要注意确立共同的评价标准和强化措施，使学生能根据标准自我评判和自我强化。

3）客观性原则

客观性原则是指强化应根据学生的客观表现，强化要客观公正，不能凭主观臆断。要注意避免主观因素的干扰，特别是成见效应，不能对不同学生的相同表现区别对待。学生之前表现不好，并不能因为对其不好的印象而不去鼓励他，当其做出正确反应时，就应该加以强化鼓励。对成绩好的同学，表现出扰乱教学秩序的行为也应给予提醒，否则就会被理解为对其行为的肯定。

4）及时性原则

及时性原则是指教师在学生行为反应后及时给予信息反馈，以提高学生对强化的认识和理解。因此，教学中要注意：强化要及时、明确。对于学生的正确反应，应该及时给予强化，教师提供反馈越及时、具体、明确，则对行为的强化效果越佳。及时的强化有利于学生行为与强化之间建立直接联系，避免无关因素的干扰。有些需要及时强化的，则要立即实施，有些需要延时强化，也要在学生完全理解问题和掌握证据之后，或者在热烈的讨论结束之后及时给予肯定强化。

5）有效性原则

有效性原则是指强化的实施能真正引起学生内心的满足感、成就感，才能实现强化的有效。要引起学生的满足感，第一，要注意选择学生喜欢的强化物，运用适合学生的强化方式；第二，要注意情感态度的真诚，教师对所有学生的点滴进步和发展抱有期望，在教学中投入情感，当发现学生的亮点时，感情真挚、态度真诚地进行强化和鼓励，能引起学生的共鸣。

6）发展性原则

发展性原则是指强化应有利于学生的长远发展。教学的一个目标是让学生掌握终身学习的技能。教师在教学中应该引导学生掌握自我学习的能力。教师运用强化技能，首先，要注意多创造条件，多引导学生进行内部强化；其次，评价的实施有利于培养学生自我强化的意识和素养，有利于学生的长远发展；最后，应该注意带动全体学生的共同发展，使全体学生能受到强化，能互相给予强化。

四、强化技能的评价

强化技能作为教师个人教学智慧的组成部分，在教学实际中，一般对教师在课堂教学中运用强化技能的情况做定性的分析评价。为了全面反映教师强化技能掌握和运用的情况，在某些情况下，对教师的强化技能可做定量的等级评价。表 2-4 可作为定量评价的依据和定性评价的参考。

在听课时对表 2-4 中各项目进行评价，在恰当等级画 √。

表 2-4　强化技能评价记录表

课题：		执教：			日期：	
评价项目		好	较好	中	差	权重
1. 能创造给予学生反应的机会		□	□	□	□	0.10
2. 能准确理解学生反应的积极因素		□	□	□	□	0.10

续表

评价项目	好	较好	中	差	权重
3. 强化意图能被学生理解	□	□	□	□	0.20
4. 能综合运用多种强化方法	□	□	□	□	0.20
5. 强化时机适宜	□	□	□	□	0.10
6. 强化能面向全体学生	□	□	□	□	0.10
7. 能促进学生内部强化	□	□	□	□	0.10
8. 强化客观、真诚	□	□	□	□	0.10

对教学中实施强化的建议

第五节 演示技能——获得经验的技巧

演示技能是指教师在物理教学中运用实验操作、实物及模型展示、现代教学媒体等教学手段，充分调动学生的感官和注意力，并指导学生观察、思考和操作的教学行为。

物理学观察和实验的方法不仅是物理学的研究基础，还具有一般科学方法论的意义。物理学本身的特点决定了观察和实验在物理教学中的重要地位。在物理教学中，学生对大量的概念和规律的获得都需要建立在观察和实验的基础之上，以获得具体的、感性的认识，这是学习者掌握知识的开端。青少年认识陌生的领域或接受一种新知识，总是遵循"从生动的直观到抽象的思维，并从抽象的思维到实践"这一认识规律。因此，演示技能是物理教师必须掌握的重要的教学技能。

一、演示的方法

根据分类方法的不同，演示的类型有多种。按照演示手段和方式可以分为以下几种。

1. 实验的演示

演示实验是教师在讲授知识的过程中，配合教学内容而演示给全班学生看的实验。从演示的目的性看，实验演示可以分为获取新知识的实验演示和巩固验证知识的实验演示。

例如，光现象是学生都熟悉的，对光的反射定律也有一定的感性认识。但是，学生对其严格的数量关系，特别是对入射光、反射光和反射面的法线在同一平面却无充分的感性认识。教师在讲解时，可以用演示实验的装置进行演示（图 2-1）。光线由 E 一侧入射到平面镜上，转动 F 平面直到显示出反射光，使学生看到反射光与入射光在同一平面上，且光线与法线的夹角相同。这样学生不仅容易记住结论，而且在头脑中形成了一定的物理图像。

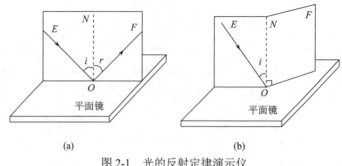

图 2-1 光的反射定律演示仪

2. 实物、标本和模型的演示

物理学有丰富的实验装置,这些都为学生提供了实物演示的模型。教师可以在讲解时,把设备分解,讲解设备结构和各部件的功能,让学生领会科学家设计这些设备的巧妙之处;引导学生对实物、标本和模型进行观察,使学生了解其外部特征及内部构造,获得对事物的客观认识和理解。

例如,在讲透镜成像和幻灯时,教师演示了一架解剖式幻灯机(图 2-2)。将幻灯机的聚光镜、凸透镜、平面镜等元件都一一呈现在学生面前。接通电源放上幻灯片后的光路明显,图像清晰,聚光、反光、成像等现象一目了然。学生通过观察、思考很容易突破教学的重点和难点。

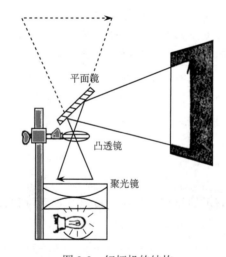

图 2-2 幻灯机的结构

在实物、标本和模型演示时,要注意有的实物和标本个体较小,后边的学生看不清。这时就要准备多个实物或标本,分小组观看或个人观看。当实物、标本表现出来的现象、结构不清晰,内部活动难以观察时,教师应利用挂图、板画、幻灯等直观手段相互配合,引导学生的观察向深入发展。

3. 图画、图片、图表的演示

对事物原理和现象的示意图,描述操作方法和动作过程的说明图,可突出事物的本质特征，便于学生理解。此类演示简单经济，可弥补实物、实验演示受条件限制造成的不足。

4. 幻灯、投影的演示

在学习过程中，学生的视觉感受力最强。幻灯、投影能提供鲜明、生动、明晰的视觉形象，满足学生视觉直观的需要，从而促进学生的感知过程。幻灯、投影采用形象放大、重叠和移动等方法，示意出事物的内部结构和关键特征，提高教学效率和效果。

5. 电影、电视的视频演示

电影、电视声图并茂、视听结合，同时作用于两种器官，在影响学生的学习态度和情感变化上比其他教学媒体更具有强烈的效果。例如，在讲解万有引力定律的内容时，教师可以利用"神舟五号""神舟六号"的视频画面，激发学生的自豪感，更好地讲解内容。

6. 多媒体课件演示

多媒体课件在物理教学中的应用非常广泛，利用多媒体课件，教师可以演示一些无法在课堂完成的实验，如放射现象、裂变等。同时，利用多媒体课件，教师还可以重现珍贵的视频资料，达到优化教学的目的。

7. 动作示范和声响效果演示

示范是讲解的先导，教师正确、熟练和优美的示范可给学生建立正确、完整的直观形象。示范时根据动作的难易程度、学生水平的高低和不同教学阶段的任务，可分别采用完整示范、分解示范、慢速示范、重点示范和正误对比示范。物理实验教学特别要重视教师的示范作用，学生进行实验的方法和技巧来自教师的示范，教师只有很好地利用演示技能，向学生做好示范，才能更好地培养学生的实验能力和实验素养。

二、演示的作用

现代心理学研究表明：仅由听觉输入，信息保存率为15%；只由视觉输入，信息保存率为25%；视、听同步，则信息保存率可上升到60%；视听与动作同步，信息保存率可增到90%以上。演示最能调动学生的多种感官活动，使学生视、听器官兴奋起来。在教师演示示范的带领下，则更能提高学习效率。

1. 提供丰富的感性材料，奠定思维基础

物理的概念、规律、公式等不能靠死记硬背。学生认识有关事物，学习某些抽象的概念、规律时，必须从接触这个事物，获得感性认识开始。对于直接经验不多的学生，要建立一个概念，掌握一个规律，必须有个观察现象、重温经验以致产生印象从而形成观念的过程，才能达到理解、巩固的目的，并实现迁移。中学物理的内容虽然与日常生活中许多现象有密切的联系，但实际现象通常是复杂的，与许多因素有关。中学生缺乏有关的物理知识，往往不能深刻地感知这些现象，更难以找出现象中反映的物理本质。而且有些物理现象似乎与日常生活中给学生的印象不一致。因此，有必要通过演示实验把物理现象的特征突出地显示出来，使学生获得丰富、深刻、正确的感性知识。演示实验以适合学生认识规律的方式，为学生提

供丰富的直观感性材料，有利于突破难点和重点，促进学生理解和巩固知识，加快教学过程，提高课堂教学效率。如果没有丰富的感性材料为基础，学生的学习只能对抽象的概念和规律死记硬背，教育便失去了其真正的意义。

例如，对二极管的认识：先挂图，实物展示（图2-3），使学生知道二极管是什么样子；再用二极管、小灯泡、电池组成电路，在接通电路的同时改变二极管两极的位置，提醒学生注意观察小灯泡在二极管的两极互换位置过程中的发光现象有无变化，进而说明二极管具有单向导电性。教师再用示教电表测其正、反方向电阻的大小，进一步说明二极管单向导电性的电本质。最后用学生电源、二极管组成简单的半波整流电路，用示波器观察输入的交流电的波形和经二极管后电阻上得到的单向脉冲电流的波形。这样，学生对二极管的外形构造、原理由感性认识逐渐上升为理性认识，在此基础上，学生对晶体二极管的物理特性也记忆深刻。

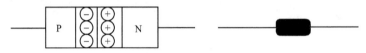

图 2-3　二极管的结构和实物图

2. 引起学生兴趣，激发学习动机

演示实验中，展示了许多有趣、新颖、惊奇的物理现象，教师在演示中又创设教学情境，巧设疑问，把这种外部诱因作用于学生，使其产生内部需要，激发了学习兴趣，提高了学习积极性，从而把学习积极性引向具体的学习目标。所以，演示教学中，要沿着"需要产生兴趣，理论强化兴趣，运用升华兴趣"的层次展开，把激发学生的学习兴趣贯穿于教学的全过程，从中激发学生的求知欲望，引起学生学习动机。演示实验是归纳和总结物理概念和规律的基础。有些概念和规律，无论教师如何努力讲解，学生也很难深刻理解和体会，而通过简单的演示实验，教师就可以用较少的语言，在较短的时间内，把要讲述的课题展现在学生面前。当学生对这个"为什么"产生浓厚的兴趣时，他的思维活动必然是积极活跃的。一个好的演示实验所起的作用，是再生动的口头表述也代替不了的。

案例 2-3：水的沸点的应用

图 2-4　纸杯烧水实验

教师可以给学生做一个"纸杯烧水"的实验（图2-4）。当教师介绍完实验装置动手做实验时，学生的注意力几乎都集中在看老师怎样点燃蜡烛，想象怎样把纸杯点着燃烧。出乎意料，观察到的却是杯中的水被烧得滚开，而纸杯居然并没有被点燃，他们会感到好奇，强烈地想知道其原因所在。这时教师再告诉他们燃烧需要满足 3 个条件：燃料、氧气、着火点。而纸之所以没有燃烧是因为没有达到着火点，为什么没有达到着火点呢？要想知道其中的答案，就需要学习本节课的内容。这样学生的学习兴趣就会提高，学生情绪会不断高涨，自然也会把兴趣提高到从学习中寻求答案。

案例 2-4：大气压

教师可以自制"夹层酒杯"，从同一杯子中倒出一杯矿泉水，另一端倒出可乐。再结合一个历史故事：以前一位皇帝要毒死一位大臣，就用了这样的一个杯子，倒给自己喝的是无毒的白酒，倒出来给大臣喝的是有毒的白酒。然后，给学生留下一个谜，加深他们的印象，激发他们学习大气压的兴趣和求知的欲望。

案例 2-5：流体流速与压强的关系

用漏斗吹乒乓球（图 2-5）。取一只漏斗，里面放一个乒乓球。教师问学生：把漏斗倒放，向漏斗颈中吹气，乒乓球会不会掉下来？学生众说不一，兴趣盎然地注视着演示实验。当看到球没有被吹掉时，教师讲明原因。再问，若将漏斗横放或口朝上放情况会怎样？为什么？学生又有诸多猜测。教师再进行演示，再进行解答。这样使学生在每次观察中，都获得知识，都获得成功感。这种成功感会使学生对下一次的观察活动产生期待心理，从而产生一种持久的兴趣，就会以积极热情、认真负责的态度，主动地进行观察，提高观察的效果。

图 2-5　漏斗吹乒乓球实验

3. 教给学习方法，培养学生观察和实验能力

演示教学中，教师通过规范操作实验仪器、正确记录和分析数据，可使学生了解基本仪器的使用方法、观察和记录数据的方法、分析数据并作出实验曲线的方法等。教师演示的过程是培养学生掌握正确的操作技术和观察方法的过程，也是培养学生的观察能力和实验能力的过程。演示实验中教师在直观观察的基础上提出问题，控制变量，直到完成抽象概括的过程，使学生了解物理学研究方法，培养学生从实际出发、尊重客观事实和实事求是的科学态度。学生一旦掌握了正确的操作技术和观察方法，便可以独立地进行观察实验。这就是平时常说的："教学不仅要让学生得到金子，而且要让学生学会'淘金术'。"

例如，在讲物质的汽化和液化问题时，常做一个演示实验。被加热沸腾的水汽化，水蒸气由玻璃管喷出，在装有冷水的烧瓶壁外凝结成水滴，靠近烧瓶处有团团白雾。要求学生仔细观察现象，并注意现象中的一些细节，即沸水瓶中水面上方的气体——水蒸气是无色透明的，玻璃管口附近的气体——水蒸气是无色透明的，靠近烧瓶处的是"白气"。"白气"不是水蒸气而是细小的水滴。通过细致的观察，学生不仅认识了现象，而且提高了观察能力。

4. 按照操作程序，起好示范作用

教师在做演示实验时，一定要认真按照操作程序，不能违反操作规程。例如，不能在演示天平时，不经过最初的调节平衡就使用，用手去拿砝码，加减砝码时不止动天平等。教师通过操作过程中实事求是的态度，严肃认真、一丝不苟的作风的影响，潜移默化地培养学生良好的作风、习惯。

三、演示技能的应用

演示技能是物理教师教学中常用的基本技能，熟练掌握它的基本构成要素，是实现物理教学优化的保证。演示技能主要包括以下几个要素。

1. 设计演示

教师在做课堂教学设计时要认真设计演示，确定演示的目的、媒体的选择、演示的顺序。教师要依据教学内容和学生原有感性经验的特点决定演示的目的，使用演示的一般是教学内容所必需的，学生经验所缺乏的，或学生直觉经验是错误的，以及抽象结论在应用中造成疑难的直观内容；选择媒体，要使演示明显客观；安排演示顺序，要使演示便于学生分析概括。

案例 2-6：大气的压力和浮力

如果教师上来就排出了马得堡半球内的空气，让学生拉，虽然拉不开，却弄不明白为什么。教师必须先让学生拉没有排出空气的两个半球，不费力气就拉开了；排出空气，再让学生拉，拉不开，再加学生拉，仍然拉不开；拧开阀门，空气进入球内后，再让一个学生拉，不费吹灰之力，又拉开了。在这样安排演示实验的基础上，启发学生：为什么当球内空气被排净后就拉不开了？是什么力量压在球的外边？最后得出大气有压力的结论。

2. 指引观察

在观察前，教师要明确告诉学生观察的对象是什么，以及需要观察什么样的变化和特征，让学生明确观察的目的和任务。这样可以提高学生观察的主动精神，增强他们知觉的选择性，能从观察的事物中主动地选择出自己所要认识的对象，把注意力集中在对象和现象的主要特征上，不去感知那些无关紧要的细枝末节。漫无目的的观察只能使学生浪费时间和精力，养成不良的观察习惯。

3. 示范操作

操作是教师进行演示的主要行为，在学生进行操作前教师进行的操作演示就是示范。教师的示范是学生形成动作印象的主要来源，也是学生模仿的范例。教师示范的效果取决于示范动作的正确性，如果教师的动作不正确或不准确，就会影响学生形成正确、准确的动作印象；示范的效果还取决于示范动作的速度，速度太快，学生来不及看清楚动作的结构和特点，也不能形成良好、清晰的动作印象，影响自己的动作定向。因此，在演示时教师的操作应当规范，并做到准确、熟练、快慢适当，媒体的摆放、教师身体的位置等都要便于学生观察。还要把握好演示的时机和一些现象重复出现的次数，以利于学生对所看到的现象进行思考。实验的调试和控制得当，可以构成问题情境，便于学生观察、讨论、分析和概括。

案例 2-7：演示：日食和月食

器材：地球仪、皮球、电灯或其他光源。

方法：

第一步：说明用电灯表示太阳，地球仪表示地球，皮球表示月亮。

第二步：灯放在桌上，一只手拿地球仪，另一只手拿皮球，使地球（地球仪）围绕太阳（灯）转动，同时，又使月亮（皮球）围绕地球（地球仪）转动。以此演示地球围绕太阳公转和月亮围绕地球公转。

第三步：当月亮转到太阳和地球中间时，三者处于一条直线或近于一条直线上，月亮挡住太阳光线，月亮的黑影落在地球上，这就是日食（图2-6）。

第四步：当月亮转到地球背后，这时地球处在月亮和太阳之间，三者处于一条直线或近于一条直线上，地球挡住了太阳射向月亮的光线，这是月食。全部挡住是月全食，挡住一部分就是月偏食。

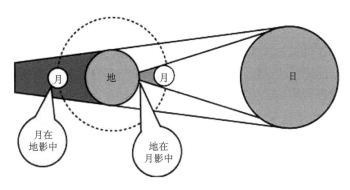

图 2-6　月食和日食成因示意图

这样分几步讲，注意每步的演示速度，第三、四步再配合投影讲解，就能使学生掌握。凡是初次接触的操作，教师应在操作前把操作中所用仪器、工具的标准名称、用途、使用方法、操作步骤、注意事项交代清楚。

4. 启发思维

演示教学能够提供丰富的感性材料，但演示的目的不限于此，演示教学还必须展开有关的思维活动，培养学生的思维能力。

案例2-8：电流的磁场

磁场是一种物质，它以场的形式出现，抽象不易观察，给初学者的学习带来了困难。在进行教学时，可设计如下两个演示实验。

演示第一个实验——奥斯特实验。指导学生观察：

（1）把小磁针放到通电导线的上面，看它是否转动。

（2）把小磁针分别放到通电导线的上面和下面时，看它的转动方向是否相同。

（3）把小磁针放在通电导线的下面，当改变电流方向时，看它的转动方向是否改变。

在指导观察的同时，引导学生思考：

（1）我们没有用手推，没有用嘴吹，也没有拿磁铁靠近，是什么力使小磁针转动？

（2）把小磁针放在通电导线的不同位置或改变导线中的电流方向，小磁针的转动方向均发生了改变，这分别说明了什么问题？

在学生讨论、回答的基础上小结：通电导线周围存在着磁场；磁场的方向与导线附近的位置和导线中电流的方向有关。它们之间有什么关系呢?

接着演示第二个实验。用电流磁场演示仪进行演示,以投影器配合让学生观察、思考:

(1)在垂直于导线的水平板上均匀撒上铁屑,当导线通电后轻敲水平板,观察铁屑的分布,铁屑的分布能说明电流的磁场分布吗?

(2)在同一个铁屑的圆周上,小磁针放置在不同位置,其 N 极指向不同,许多小磁针 N 极指向呈环形;改变导线中电流方向,小磁针 N 极指向也改变,电流的磁场方向与电流方向的这一关系怎么表示呢?

最后,在教师指导下,从实验现象归纳得出安培定则。

5. 记录和整理

教师对演示中出现的现象或实验中得到的数据要做必要的记录和整理,便于得出结论和建立联系,为进一步讲解和讨论做好准备。在讲课中应注意示范记录方法,或指导学生记录,组织学生讨论,启发积极思维,做出小结或结论。

案例 2-9:"水的浮力"实验

本实验使学生了解水的浮力和物体在水中的浮沉条件。

(1)取一个玻璃水槽,在水槽内装半槽水,用弹簧秤吊着木块、塑料块、钩码、乒乓球、橡皮泥、铁钉等物体轻轻浸入水中。

(2)在表 2-5 相应的位置上记录浮沉状态和受力情况。

表 2-5　物体浮沉实验记录

重物位置	在空气中	一半在水中	全部浸入水中
木块			
塑料块			
钩码			
乒乓球			
橡皮泥			
铁钉			

(3)根据实验填空:

物体在水中上浮的条件是(＿＿＿＿);

下沉物体在水中重量减小是因为(＿＿＿＿);

浮力的方向是(＿＿＿＿)。

教师应及时检查学生的实验记录,培养学生良好的学习习惯。

为了更好地发挥演示的功能,物理教学中演示的应用要注意以下几个要点。

(1)精心选择,服从教学目标。

演示实验是课堂教学有机整体的一部分,选择演示实验要以突出教学重点和解决教学难点为目标。要精心地选择物理演示实验的内容,使演示实验有助于讲清重点、突破难点。另外,在教学过程中,教师应使讲授内容与演示操作恰当地配合,充分启发学生进行观察和思考，引导学生在演示操作过程中发现问题和提出问题。教师要在思想上明确演示的目的在于使学生获得知识和能力。因此，教师应及时把学生在观察中所得到的感性认识提高、概括起来，形成概念和规律，发展学生的思维，切不可为演示而演示。

（2）让学生充分感知学习对象。

在演示教具时，进入学生眼帘的是物品的全部而不只是需要学习的对象，因此要想办法让学生把注意力集中到学习的对象上。教师要在演示之前交代清楚演示的目的和观察的要求，让学生带着问题去观看，不要让学生仅仅是受好奇心驱使而去感知学习对象。还要组织好课堂活动，让学生人人都看得清楚，避免乱哄哄的，挤来挤去看不清楚，或者看了半天没有看到必须看的部分。

（3）做好充分准备，坚决保证成功。

学生对演示实验感兴趣，表现出很高的热情，他们总想看到将要发生什么新奇现象。若实验失败，不仅会影响课时按计划完成，影响教学效果，同时也会降低教师的威信，更重要的是对学生学习热情产生不良影响。因此，演示实验一定要做得干净利落，确保实验成功，而其中坚持课前的预试与检查是做好实验的重要保证。

（4）实验操作简明，实验现象力求鲜明。

演示实验的装置要简单，操作要简便。有人认为仪器越多，实验越复杂，说明的问题就越深刻，这种看法具有一定的片面性。复杂的实验演示效果并不一定好，因为实验仪器繁多很容易分散学生的注意力。因此，在保证科学性的情况下，实验用的仪器要力求简单，演示操作要力求简明。

（5）演示讲解结合，启发学生思索。

要使演示达到预期的效果，演示时必须与讲解相结合，启发学生认真思索。教师备课时，对演示实验前后及过程中如何提问、如何指导学生观察、如何启发学生思考、如何总结归纳都要仔细推敲。尤其要让学生发表意见，谈谈他们观察到什么现象，对这些现象是如何分析的，结论是什么，充分调动学生思维，在探索中求得知识。

（6）操作规范，起好示范作用。

正确、规范的操作是演示成功的基础，也是提高演示效率的前提。演示过程是在学生高度集中注意力的情况下进行的，教师的一举一动都会给学生留下深刻的印象。教师的很多操作又是学生第一次看到，这种"先入为主"，一旦给学生留下不规范的操作印象，将来纠正起来会很困难。除了要澄清错误的印象外，还要努力排除前摄抑制的干扰去获取正确的印象，因而需要付出双倍的努力。所以演示必须是规范的，要能为学生起到示范和潜在的楷模作用，使学生获得正确的知识，并掌握规范的操作方法，同时养成严肃认真、实事求是的科学态度。

四、演示技能的评价

演示实验在设计和教学方面的基本要求有以下三点。

1. 确保成功

演示实验必须确保成功。成功的演示以令人信服的深刻印象，保证教学顺利进行。失败的演示，即使第一次失败，也很容易转移学生的注意力，引起学生许多不必要的疑虑，增加教学的阻力，使教学效果变差。

怎样才能确保成功呢？首先，要切实掌握实验原理。例如，中学物理中的静电演示实验历来被许多教师视为畏途。静电学的内容比较抽象，离不开直观的演示，但是实验往往又不容易成功。因此，分析静电实验的特点，把握静电实验的关键，研究实验的方法是十分必要的。静电实验通常有三个特点：一是压高，电压可以高达数千伏甚至几万伏，使在通常情况下的绝缘体，如木头、玻璃、橡胶等都变成了导体；二是量少；三是易漏。因此，做好静电实验的关键在于解决绝缘问题，防止压高量少的电荷流失。

其次，要认真做好演示前的一切准备工作。准备工作一般包括：

（1）选择仪器装置，熟悉仪器装置的构造、原理和性能，熟练实验技术，做好预演工作。教师要亲自用这些仪器装置做几遍，从而熟悉技巧，并及时发现仪器、装置有无问题，及时检查、修理、改进或校正仪表，并充分估计课堂上可能出现的故障，考虑好应急措施。

（2）了解、掌握实验的准确程度，找出产生误差的主要原因和减少误差的方法。

（3）估计和掌握实验时间。

（4）认真设计演示过程中如何引导学生进行观察，什么时候要提出什么问题，启发学生积极开展思维活动，实验中要注意些什么，等等。教师在备课时都必须做到心中有数、胸有成竹。

值得指出的是，在演示实验教学过程中，各种意料之外的偶然原因会导致实验失败。出了问题怎么办？首先要实事求是承认失败；其次要镇静，保持清醒的头脑，争取迅速从中找出失败的原因，确保第二次演示成功，变坏事为好事，把排除故障的过程变成教育学生的过程。如果当堂课不能反败为胜，则应向学生表示歉意，保证下次成功补做。那种文过饰非、托词搪塞，或者违背实验事实编造假数据的做法不仅得不到学生的谅解，在学生中造成很不好的影响，而且与师德要求背道而驰。

2. 简易方便

演示实验要做到三个简单，即仪器结构简单、操作简单和由演示现象到得出结论的过程简单。下面以低压沸腾的演示为例加以说明。

演示低压沸腾有许多方法。

方法一：用抽气机和真空罩演示。

方法二：将烧瓶中的水煮沸、加塞、停止加热后水沸腾停止。再将瓶倒置在支架上，往瓶底浇冷水，水又重新沸腾起来。

方法三：往瓶中倒入八九十摄氏度的热水，水温低于沸点，不沸腾。用抽气机（或针筒）抽气，水就沸腾起来。

方法四：用 100mL 的大针筒直接抽取约 10mL 的 90℃ 左右的热水，将针筒尖端用橡皮帽封住，拉动活塞，针筒内的水就沸腾起来。

比较上述四种实验方法，显然方法四最符合"三个简单"的要求。

凡是能用简单的方法演示的实验，就不必把它的实验装置复杂化。那种片面追求高、精、尖的演示仪器，贪大求洋的做法并不可取。

3. 现象清楚

演示实验的成功与否在很大程度上取决于实验现象是否清楚。怎样才能使现象清楚呢？

1）尺寸够大、位置够高

为了让全班学生都能看清楚教师的演示，要求仪器的尺寸尽可能做得大一些，如大型示教电表、演示用弹簧秤、游标卡尺和螺旋测微器模型等都是为了使现象清楚而设计制作的大尺寸仪器。原则上，能采用大型仪器演示的决不要换用小的。

有些仪器不宜做得太大，还有一些物理现象所能显示的变化本来就很微小。为了使演示实验现象清楚，有必要采用各种机械放大、光放大或电放大装置，或者采用间接显示的方法。

2）图像要竖直、运动方向应取横向

许多电学演示实验，如果线路都平摊在桌面上，那么各种元器件及仪表的连接方法学生就看不清楚。采用平面镜反射的方法不如采用竖直放置的示教板现象更清楚。示教板有条件的可做成多功能或拼装式，便于一物多用，充分发挥效益。示教板上的一些关键部件不必预先连接好，应该在演示时当堂边讨论边连接，可以提高演示效果。

在演示电力线、磁力线、水波的干涉和衍射等现象时，一般只能在水平面上进行。为了让学生看得清楚，通常把这些实验用投影仪投影在天花板或墙壁上。演示时物体运动的方向也有讲究，一般应取横向。

3）背景衬托

例如，细玻璃管中的红色液柱，加上白色背景作衬托；演示光路及光路的改变，利用喷烟的方法加以衬托，都可以使效果变得十分明显、清晰。

4）采用对比表演手法

对比包括自身对比和相互对比两种。自身对比就是将同一仪器装置，改变其中某个条件，前后做两次实验，进行对比。

演示技能是物理教学的重要组成部分，在教学实际中，一般对教师在课堂教学中运用演示技能的情况做定性的分析评价。为了全面反映教师演示技能掌握和运用的情况，在某些情况下，对教师的演示技能可做定量的等级评价。表2-6可作为定量评价的依据和定性评价的参考。

在听课时对表2-6中各项目进行评价，在恰当等级画√。

表2-6　演示技能评价记录表

课题：		执教：			日期：		
评价项目		好	较好	中	差		权重
1. 紧密围绕教学目标		□	□	□	□		0.10
2. 演示前对仪器交代清楚，装置简单可靠		□	□	□	□		0.10
3. 演示有启发性，并指明学生观察的方向和程序		□	□	□	□		0.20
4. 演示现象明显，直观性好		□	□	□	□		0.20
5. 演示步骤清楚，示范性好		□	□	□	□		0.20
6. 演示与讲解结合恰当，能将感知转化为思考		□	□	□	□		0.10
7. 演示能确保安全		□	□	□	□		0.10

对教学中实施演示的建议

第六节 板书技能——展示门面的技巧

教学是一门艺术，板书是教学中所应用的一种主要的教学媒体，板书艺术是教学艺术的有机组成部分。板书技能是教师运用在黑板或投影片上书写文字、符号和图像的方式，向学生呈现教学内容，分析认识过程，使知识概括化和系统化，帮助学生正确理解并增强记忆，提高教学效率的一类教学行为。

通常物理教师所使用的板书有两种：一种叫主板书，另一种叫副板书。

主板书是教师对物理教材内容进行分析综合和高度概括后提纲挈领地写在黑板上的文字和符号。它反映教师整个教学程序和课堂教学的主要内容。这种板书是教师在备课过程中反复推敲、仔细揣摩、精心设计而写成的，是教案的重要组成部分。

副板书是教学过程中随讲、随写、随擦，写在黑板两端的辅助性文字和符号。物理教学中常见的运动过程的分析、物体的受力分析、课堂练习等一般作为副板书出现。

一般来说，一节课应有一个完整的板书计划，讲课结束后，黑板上应留下一个完整、美观的板书。好的板书条理清晰、逻辑严密、准确科学、精要简洁、重点突出，并且便于理解记忆。

一、板书的方法

根据表现形式，板书可以分为以下几种。

1. 摘录提纲法

教学板书是教材内容的集中反映，是教师依据一定的教学目的设计而成的服务于学生学习的书面语言。物理教学板书所反映的一般是核心的物理概念和规律，以及某个物理现象的核心特征，因此教师可以采用"语句摘录"方法设计板书。所谓"摘录提纲法"，就是摘录物理概念和规律中富有标志性的特征，或学生易混淆的地方。这种方法简便易行，但要基于教材自身内容的明确性、结构的条理性，在物理教学中适用于概念不多、内容明确、条理清晰的课题。

例如，"导体和绝缘体"课的板书：

（1）导体：容易导电的物体，它有大量自由移动的电荷。

（2）绝缘体：不容易导电的物体，它几乎没有自由移动的电荷。

（3）半导体：导电性能介于两者之间。

（4）导体和绝缘体没有绝对界线。

2. 概括归纳法

教学板书是教师钻研教材、概括教材的产物，是教师创造性思维的结晶。教科书中的内容大多较为复杂，板书却要简洁精练。因此，教师通常使用"概括归纳法"设计板书。所谓"概括归纳法"，就是用简洁的语言抽象教材内容、归纳教材知识的方法。"概括归纳法"类似学术论文前的"摘要"写法，在归纳教材内容、知识的基础上进行抽象、升华、深化，这样板书才有深度。这种板书设计方法基于教师对教材的研究、分析及自身的概括能力。高度的概括能力是抽象思维的良好品质，这种方法对培养学生的抽象思维能力也有较好的作用。通常适用于概念不多、内容明确、条理清晰的课题，渗入教师的理解，并涉及各量的关系。仍以"导体和绝缘体"课的板书为例，也可概括归纳为图 2-7 的形式。

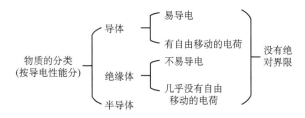

图 2-7　板书：物质按导电性能分类

3. 图形示意法

教材是知识信息有意义、有规律的排列组合，往往抽象而深刻，学生难以理解，教师就有责任帮助他们"解读"教材。一个简单的方法就是用板书"图形示意"，即用符号、线条、图形配以简要文字示意教材内容，变抽象为具体、变深奥为浅显。这种方法基于教师对教材认真的钻研、高度的概括、独到的表达，反映教师的兴趣爱好、个性特长、技艺技能及审美情趣。通常适用于各概念间有从属关系、并列关系或递进关系的课题。仍以"导体和绝缘体"课的板书为例，如图 2-8 所示。

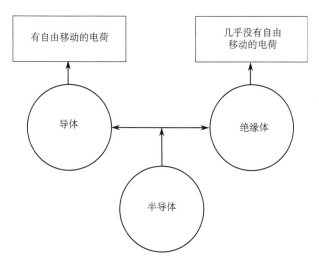

图 2-8　板书：导体和绝缘体

4. 板画赋形法

板书就宏观来分，有板书与板画。"板书"以文字为主，有时配以线条符号；"板画"以图画为主，一般不配文字。板画又称简笔画、黑板画，是教师在课堂上以简练的线条，在较短的时间内高度概括勾勒出各种景物、事物、人物等形象的一种绘画。由于形象直观，以板画（简笔画）为板书的方法也称"赋形法"或"描状法"。板画赋形法是教师常用的形象化的艺术教学方法。由于生动有趣，有利于集中学生注意力，激发学习兴趣，增强记忆效果，从而提高教学质量。赋形板画渗透了中小学教师的艺术情趣，有助于学生审美能力的形成和提高。通常适用于一些物理装置、仪器的构造图、剖面图的展示，或抽象出物理原理用"画"的方式形象地加以说明。例如，"杠杆"课的板书设计可用图 2-9 表示。

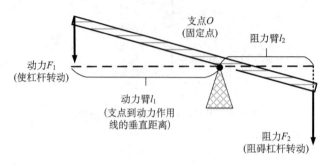

图 2-9　板书：杠杆的结构

5. 表格解释法

表格是常见的教学板书形式，它几乎可以服务于任何教材章节的教学，还适用于一组知识信息的比较。表格不仅适用于传统的文字式板书，而且适用于电化教学演示。许多青年教师都喜欢使用多媒体进行教学，表格式板书为之提供了较好的选择。表格式板书最大的特点是信息量大、条理清楚、简约明了，有整齐、对称、均匀、清晰、简洁之美。通常运用于概念较多、内容较复杂、条理不易理清的课题中，如"力的作用"这节课的副板书（表 2-7）。

表 2-7　板书：力的作用

施力物体	力的作用	受力物体
压路机	压	路
人	提	书包
马	拉	车
推土机	推	土

6. 比较对照法

比较是人们认识事物、分析事物的思维过程，是抽象思维的一种思维形式。准确地说，比较就是运用对比的手段确定事物异同关系的思维过程的方法。如果把这一对比方法运用到教学板书上，就叫比较式板书。比较能起到深化、强化的作用，可以收到"不言而喻"的艺术效果。比较有许多方法，从性质上分有求同法、求异法，纵比法、横比法，定性法、定量法，综合法、专题法。通常运用于两个或多个相似的概念、规律或类似的仪器构造等课题中，如"内燃机"课的板书（表 2-8）。

表 2-8　板书：内燃机

类型		汽油机	柴油机
工作过程	吸气		
	压缩		
	做功		
	排气		
构造			
优点			

在物理教学中，复习课用这种方法是一种用得较多且较为理想的方法。

7. 排列组合法

排列组合法是对教材中不同内容的分类排列、综合叠加。从信息论上看，这叫"信息的交合"。具体地说，教材、课文中不同信息的组合会产生不同的感知效果。接近的、相似的、闭合的、连续的、对比的、形态完善的组合，较易形成整体知觉。板书设计应力求在时间上、空间上、逻辑上组成一个有意义的、有规律的系统。方法上，有时序组合、地域组合、事理组合、对比组合、相似组合、接近组合等。若概念较多且相互间有依存关系，则可将它们分类排列或展示其事物发展的过程，如"简单的磁现象"课的板书（图 2-10）。

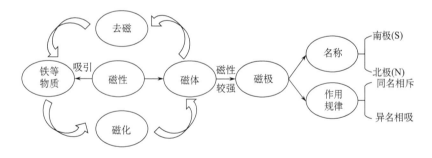

图 2-10　板书：磁是什么

8. 夸张变形法

为了突出重点、难点，增强学习的趣味性和板书的表现力，教师可以运用变形、夸张的方法设计板书，以加深学生对教材内容的印象。这种方法常用漫画的手法，根据学生的思维特点，大胆设计创新，使其有强烈的艺术感染力。若课题有一个中心、一个主题，并能给人想象的空间，则较易运用变形夸张的手法，如"探索浮力奥秘"课的板书（图 2-11）。

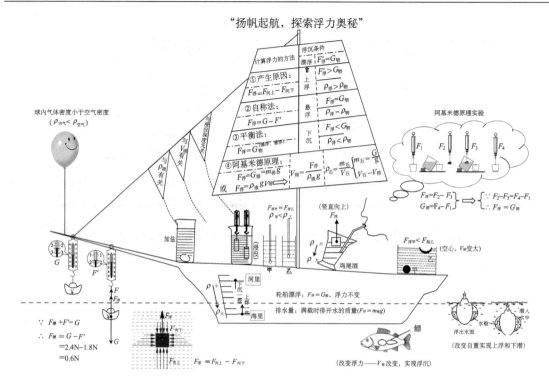

图 2-11　板书：浮力的奥秘

注：由福建省晋江养正中学邵邦武老师设计

二、板书的作用

随着科学技术的发展，许多现代化的教学手段已经走入课堂，但是板书在教学中仍起着不可替代的作用。

1. 帮助学生理解教学内容

课堂讲解瞬息即逝，学生仅凭听讲而要理解一堂课教学内容的全貌（尤其是物理知识之间的内部结构和各部分之间的逻辑联系），以及一些严谨的物理概念和规律是比较困难的。但有了科学、合理的板书，这个困难就迎刃而解了。学生根据教师板书的分析，很好地跟随教师的思路，理解物理的过程，领会物理规律和概念的内涵。

例如安培定则，教师如果没有使用板书配合手势进行讲解，学生往往无法分清磁场的方向与手之间的关系。教师在讲解这部分知识时，利用板书展示磁场的方向和电流的方向，然后使手在"磁场中运动"，这样就可以很好地帮助学生理解相关内容。

2. 帮助学生记忆教学内容

物理教师的板书还便于学生做笔记，帮助记忆。人们常说"好记性不如烂笔头"，学生通过笔记，记录教师对物理过程的分析，便于记忆。尽管物理教学的板书很多时候采用各种符号，如线条、箭头、括号、方框等，但这些符号能够生动地表达物理过程，使板书言简意赅，易懂易记。板书把一些抽象复杂的内容形象化、具体化，有利于学生记忆教学内容。

3. 激发学生的学习兴趣，启迪学生的思维

生动形象的板书不仅能够启迪学生的思维，还能够激发学生的学习兴趣。有些物理内容比较抽象，因此物理学对学生的抽象思维能力要求比较高。但是由于学生思维发展的特点，大部分学生还无法进行高强度的抽象思维，因此造成许多学生感觉物理难学。教师利用生动形象的物理板书，可以将抽象的物理过程生动形象地在黑板上再现，这样就能帮助学生思维，促进他们体验成就动机，激发他们的学习兴趣。

4. 培养学生良好的学习习惯

为人师表的教师，其一言一行都对学生有示范性。教师板书时，身体直立，右手书写，左臂下垂，精神集中，动作自然，切忌故作"潇洒"。同时，不可用拳头、指掌直接擦拭黑板，或未擦干净接着又在原处重写。教师板书还要注意保持身体、讲桌的清洁。板书的规范性、严谨性、合理的顺序、科学的排版、独特的风格，甚至教师书写的姿态神情等，都对学生有潜移默化的作用。板书直接影响学生的书写能力，因为学生的模仿能力很强，如果教师示范得不到位，学生学得也可能不到位。

5. 培养学生良好的审美情趣

课堂板书是一门艺术，特别讲求审美效果。好的板书，书写工整、布局巧妙、色彩搭配合理、重点一目了然。有的板书还讲究书写顺序安排上的科学性和艺术性。因此，一幅好的板书就是一件精美的艺术品，有利于培养学生健康的审美趣味。

三、板书技能的应用

板书的艺术效果是通过教师一笔一画写出来的。教师的板书技能包括以下构成要素。

1. 书写和绘图

这里的"书写"指的是板书过程。课堂板书经常是边讲边写，配合要自然、灵活。为了不挡住学生视线，还要学会侧面写（面向学生，背靠黑板）、举手写（写在黑板上沿）、躬身写（写在黑板下沿）。这些写法要运用自然、灵活，姿势要庄重。板书过程中，先写什么、后写什么、从哪里开始、在何处收尾，都有讲究，要根据具体的教学内容灵活处理。安排得好，常常能表现出生动性和趣味性。在物理教学中，教师实施板书行为主要是文字、物理公式书写和图像及简笔画的绘图。书写要正确、工整、笔画清晰、笔顺规范、大小适当，要规范使用物理术语。一行字要写平直，书写时身体不要挡住学生的视线。绘图时，要注意大小比例恰当，掌握基本的绘图笔法。好的板画应该简单迅速，美观形象，明确合理。物理教学中的板画不同于美术课中的素描，它往往是示意图或略图。还要注意一点，板画难免有错漏，因此板书时要复看一遍或默念一遍。如果学生记录了错误的板书，往往会给他们带来意想不到的后果。

2. 内容的编排

板书能够科学、系统、概括地反映教学内容的知识结构。教师应当从板书标题的确定、表现形式、各部分内容的出现顺序、相互之间的呼应和联系、文字详略等方面设计编排好板书的内容（内容的编排应在备课时做好）。

3. 板面的布局

板面的布局是指板书的各部分内容在板面上的排列和分布，主、副板书的安排，以及黑板板书与挂图、投影屏幕的合理配置（板面的布局也应在备课时设计好）。合理的板书布局有利于教师的讲解，有利于学生思考和领会知识。另外，布局还包括合理安排板书与教学挂图、投影屏幕的位置等，以利于学生听课、观看和记录。板面的布局要讲求创造性，它是一种创造性劳动，常常不拘一格、千变万化，最能显示一名教师的教学艺术才能。

4. 时间的掌握

教师板书时间的掌握是指书写板书必须与讲解协调一致，与其他教学活动相配合。板书的书写、投影片的展示要把握好时机，力求顺理成章，避免随意性。板书保留的时间要恰当。板画应在准确的前提下，尽量迅速地完成。

什么时候写板书？一般来说，全课的标题在复习提问及导入新课后书写，各部分的标题则依具体情况而定，一般用演绎法先写后讲；用归纳法、发现法则后写板书，因为写出了板书也就知道了结论，不利于学生思考。

叶圣陶说："实用的写字，除了首先求其正确外，还须求其清楚匀整，放在眼前觉得舒服，至少也须不觉得难看。"好的内容配上好的形式，就会收到好的教学效果。无论采用上述哪种形式，要求教师必须做到以下几点。

1）合理性

板书时，必须考虑到什么内容写在什么位置，详写或略写，暂时出现或一直保留，标题、定义、公式、图示、推导过程、计算步骤等都要合理安排。

2）启发性

板书要有利于学生思维，使学生学到课本上学不到的知识，想到课本上没有写出的知识。知识归类、内容串联、区别对比、推理证明、画图设问都要能够调动学生探求知识的积极性和主动性。

3）侧重性

板书时，重点、难点要突出，不能什么都写，一板写不下，擦了又写，像放电影一样，学生无所适从。好的物理板书，应该一节课不超过一黑板。这就要求，可写可不写的，不写；非写不可的，一定要写。更不能随心所欲，想写就写，不想写就不写。

4）直观性

板书要给学生留下易记难忘的印象，过后回忆起来总是历历在目。一些问题，能用图形表示尽量用图形表示，能用表格式尽量用表格式，能用提纲式尽量用提纲式。

5）适量性

板书容量是板书设计时必须考虑的问题。板书的内容太多太杂，就会加快板书速度，同时也不利于学生思考。但是又不能太简单，太简单难以说明问题。因此，板书容量要适当。形式多样，内容丰富，才能使板书起到应有的作用。

四、板书技能的评价

板书技能是物理教师教学艺术的重要体现，在教学实际中，一般对教师在课堂教学中运用板书技能的情况做定性的分析评价。为了全面反映教师板书技能掌握和运用的情况，在某些情况下，对教师的板书技能可做定量的等级评价。表 2-9 可作为定量评价的依据和定性评价的参考。

在听课时对表 2-9 中各项目进行评价，在恰当等级画√。

表 2-9　板书技能评价记录表

课题：		执教：		日期：	
评价项目			好　较好　中　差		权重
1. 板书的内容是教学的重点和难点			□　□　□　□		0.20
2. 板书设计条理清楚，脉络分明			□　□　□　□		0.15
3. 板书有启发性，并指明学生观察的方向			□　□　□　□		0.15
4. 板书强化了讲解的内容，便于记忆			□　□　□　□		0.20
5. 板书形式与内容吻合，图形表格使用恰当			□　□　□　□		0.10
6. 板书设计有艺术性，布局合理，给人美感			□　□　□　□		0.10
7. 板书的文字、符号规范、正确			□　□　□　□		0.10

对教学中板书的建议

第七节　多媒体辅助技能——辅助教学的技巧

多媒体辅助技能是现代教学技能中一个重要的组成部分，是影响教学质量、教学效率的重要因素。多媒体辅助技能就是在常规教学技能训练的基础上增加多媒体课件演示播放操作技能训练，要求师范生改变传统的一支粉笔、一本教案、一张嘴的"三一"教学模式，既要训练教师常规教学的综合技能，又要训练教师多媒体设备的操作技能，掌握使用现代教学技术的一套有效方法。

多媒体技术从不同的角度有不同的定义。从广义上说，有人定义多媒体计算机是一组硬件和软件设备，结合了各种视觉和听觉媒体，能够产生令人印象深刻的视听效果。视觉媒体包括图形、动画、图像和文字等，听觉媒体则包括语言、立体声响和音乐等。用户可以通过多媒体计算机同时接触到各种各样的媒体来源。也有人定义多媒体是"文字、图形、图像及逻辑分析方法等与视频、音频，以及为了知识创建和表达的交互式应用的结合体"。概括起来就是：多媒体技术，即计算机交互式综合处理多媒体信息——文本、图形、图像和声音，使多种信息建立逻辑连接，集成为一个系统并具有交互性。简言之，多媒体技术就是具有集成性、实时性和交互性的计算机综合处理声文图信息的技术。

一、多媒体应用的方法

多媒体辅助技能与微格教学中其他教学技能是密不可分的。根据对多媒体的操作方式的不同，可以将多媒体技术分为程序式应用多媒体技术、互动式应用多媒体技术和探究式应用多媒体技术三类。

1. 程序式应用多媒体技术

这是将多媒体技术应用于物理教学的基本表现形式，一般是使用现成的教学课件、多媒体教学软件或资源库，选择其中合适的部分为自己的教学服务，使自己的教学知识表现形式丰富生动。程序式应用多媒体技术包括引入新课、动画模拟、分层显示、演示实验、控制模拟、影视演播、投影练习等。

1）引入新课

在引入新课时，可以利用多媒体技术设置一些教材之外的新颖的物理情景，使学生产生浓厚的兴趣，激发其探索的欲望。例如，在引入"电场中的导体"时，利用参观科技馆所拍摄的视频，先播放"怒发冲冠"的科技实验，接下来播放金属笼外电光闪闪、笼中参观者安然无恙的视频。

2）动画模拟

在物理教学过程中，程序式应用多媒体技术用来突破难点，形象地演示某些难以理解的内容，或用图表、动画等展示动态的物理过程或理论模型等。

例如，在初中"光的折射"教学中，教师用事先准备好的课件创设各种平面光画面，让学生欣赏后，引出折射规律的课题，再通过演示装置，借助屏幕显示出折射规律，最后通过屏幕让学生思考几个问题，巩固和考查学生对折射规律的学习。

又如，在高中讲述布朗运动中各种大小和质量不同的微粒在液体中的运动情况时，同时通过启发性提问，引导学生积极思维，自我挖掘微粒做无规则运动的原因。动画模拟不但能彻底改变传统教学中的凭空想象、似有非有、难以理解等问题，还能充分激发学生学习的主观能动性，化被动为主动，产生特有的教学效果。

3）分层显示

分层显示是利用多媒体的视频、音频、文本技术对有关教学内容进行分层显示，引导学生深入浅出，从而达到提纲挈领、融会贯通、系统地掌握有关知识的效果，主要用于单元复习或中、高考基础知识回顾中。

4）演示实验

演示实验多媒体技术用来突破实验现象不明显或常规实验仪器无法实现的物理实验，增强学生的感性认识，特别是某些仪器的原理和使用。例如，游标卡尺、螺旋测微器的原理和使用，欧姆表的原理和使用等，用演示实验多媒体技术会收到意想不到的效果。

5）控制模拟

利用交互性强的课件，充分体现动态效果，同时利用控制键控制物理过程，便于学生理解。有些物理实验中动态、快速的物理过程，学生还没看清就结束了，这时可以利用多媒体技术尽量慢速、真实地再现物理过程。

例如，在讲解弹簧振子的振动时，由于受到客观因素的影响，很难观察振子在某一时刻的运动情况。教师可以利用课件，模拟弹簧振子的运动，并加入一些按钮和控制语句，实现适时控制。在鼠标的控制下，显示振子在运动过程中其各物理量（位移、速度、回复力等）的变化模拟过程，形象生动地描述简谐运动内涵，便于学生切实理解。

6）影视演播

利用多媒体的声像结合功能，可以收集一些与物理有关的科技影片材料，加强学生学科学、爱科学、讲科学的思想教育，特别是有关物理科学家的人生经历及其科研成果，充分激发学生热爱科学、热爱物理的热情。

例如，在"原子核的裂变和聚变"教学中，播放《我国第一颗原子弹爆炸成功》的纪录片；在"机械波"教学时，播放水波和地震的实况录像，同时配上文本和声音介绍，拓展学生对机械波的认识。

7）投影练习

利用多媒体技术事先设计有针对性的练习，比传统练习方法优越。特别是物理过程很难理解和想象的运动类练习题目，其练习效果非常好。它的最大成功之处在于化被动学习为主动，化抽象为具体。同时，通过联系实际问题设置的练习，能帮助学生轻松巩固已学知识，从而切实激发学生发自内心的学习兴趣，真正做到提高课堂教学效果。

2. 互动式应用多媒体技术

这是将多媒体技术应用于现代物理教学的基本趋势，没有交互性的系统不是完整的多媒体系统。例如，电视机有图像、声音和文字显示，由于观众只能被动地观看，没有交互能力，因此它不是完整的多媒体系统。多媒体技术为用户提供了更加有效的控制和使用信息的手段，通过人机对话，增加学生对信息的注意力和理解力。多媒体的交互性可以通过以下三种方法来实现：

（1）让学生操作鼠标或键盘完成设计好的各种练习，做对的给予鼓励"你真棒"，做错的提醒"你再想一想"。例如，在"平抛运动"中，首先用FLASH设计一个游戏"我来当飞行员"，让学生控制鼠标，从运动飞机上投弹，对地面目标进行轰炸，命中的计算机显示"你真行"，没有命中的计算机显示"你眼力真差，再来试试吧！"。通过这种互动的方式，一方面提高了学生学习的积极性，另一方面也让学生在互动游戏中感性地认识了平抛运动规律。

（2）通过多媒体实物展示平台将学生的实验、练习过程完整地投影在屏幕上，同时完成多个个体的交互。通过交互，教师能直接接收到教学中的反馈信息，了解学生的学习情况，及时调整教学策略。

（3）教师根据教学设计，在课前将所需的资源整理好，保存在某一特定的文件夹中或做成内部网站放在校园网服务器上，学生通过访问该文件夹来获取有用信息。

例如，在"万有引力定律"教学中，教师在网站上为学生提供大量有关"天体运动知识"的图片、录像、文本等资料供学生浏览查阅，让学生自主学习有关星体运动的一些规律，并启发学生思考:天体为什么这样运动？对航天技术有什么认识？这样一方面培养学生的兴趣，另一方面也培养学生的学习能力。

互动式应用多媒体技术使学习的模式发生根本的改变，由传统的学习模式转到在多媒体技术支持下的学习模式。

3. 探究式应用多媒体技术

探究式应用多媒体技术主要是传感器在现代物理探究教学中的应用。物理新课程标准指出：注重提高学生的科学素养，让学生认识科学探究的意义，经历科学探究的过程。新课程中有很多实验都可以采用 DIS 教学，DIS 设备是由传感器（digital）、数据采集器（information）和计算机（system）组成的系统，简称"DIS"，是数字化信息处理系统。DIS 设备在中学物理的应用，开辟了物理探究教学的新篇章，传感器技术走入中学课堂始于 1995 年 10 月天津一中聂老师的物理课堂。现在，传感器的使用越来越广，解决了传统实验无法达到或完成的难题，也避免了应用信息技术动画模拟演示带来的不真实性，有利于培养学生的探究意识和探究能力。但是，目前传感器整套设备和附件比较昂贵，所以很多学校还无法引进传感器整套设备和附件。

在中学物理教学中经常遇到以下问题：有的实验受其他次要因素的影响较大，效果不好；有的实验（如运动类）一般实验时间短，学生反应时间不够；有的实验器材小，看不清实验效果；有的实验在中学阶段没有条件做；有的物理概念或规律无法讲清楚。教师可以借助 DIS 设备，达到一定的教学效果。

案例 2-10：牛顿第三定律

在讲"牛顿第三定律"时，通常用两根弹簧对拉，分别读出几组数据，最后得出结论：作用力和反作用力大小相等、方向相反。其实这里犯了一个科学的错误，从数学归纳法来看，不能根据几组数据就草率地得出结论。如果将两根弹簧分别装上力传感器，通过数据采集器输入计算机，就可以实时记录两根弹簧上力的大小，通过比较两力的图像就可以非常科学、正确地得出牛顿第三定律。

案例 2-11：摩擦生热

在讲"摩擦生热"这个知识点时，大多数教师都是凭借学生的生活经验一句话带过，如果要做实验，效果不会很明显，因此许多教师只能作为"公理"以结论形式告诉学生。上海市民立中学张溶青老师利用传感器非常巧妙地解决了这一问题。他将一根铁丝插入塑料薄膜，铁丝连接热传感器，利用数据采集器输入计算机，用力来回抽动铁丝，让铁丝和塑料薄膜充分摩擦，计算机上非常清楚地显示每时每刻铁丝的温度变化情况，温度最高可达 100℃ 以上。

探究式应用，特别是传感器的使用，要求教师具备现场使用一些硬件和软件的技能，对教师多媒体技术技能要求较高。但是探究式应用多媒体技术有利于学生实践能力的培养，也有利于学生自主学习能力的提高，更有利于师生教与学的互动。

二、多媒体辅助教学的作用

多媒体辅助技能是现代教学技能中一个重要的组成部分，是影响教学质量、教学效率的重要因素，也是优化课堂教学、促进教学改革的重要手段之一。多媒体辅助技能对教学内容、教学环境、教学过程、教学方式等产生了深远的影响，它的广泛推广和运用已经成为教育现代化的一项重要内容和趋势。物理教学中应用多媒体信息技术可以激发学生学习兴趣，帮助学生建立物理模型，让学生更好地观察物理现象，分析思考物理过程，优化课堂教学。它能使"静态"变为"动态"，"高速"变为"低速"，"连续"转为"定格"，使"微观"显现"宏观"，"抽象"表现"具体"，使看不见、摸不着的变为"有声""有形""有色"，更有利于突出重点，突破难点，加大教学容量，拓宽教学的"空间"，延长教学"时间"，让教师教得轻松，学生学得愉快，达到教学的最优化境界。因此，借助多媒体信息技术可以让物理课堂"活"起来，为实施愉快教学提供物质基础，真正在教学实践中落实新课程改革的理念。

1. 利用多媒体创设问题情境，激发学生的学习动机

实验心理学家苏瑞特拉做过两个著名的心理实验：一个是关于人类获取信息的来源，他通过大量的实验证实，人类获取的信息 83% 来自视觉，11% 来自听觉，3.5% 来自嗅觉，1.5% 来自触觉，1% 来自味觉。这就是说，如果既能看得见，又能听得见，还能用手操作，通过这样多种感官刺激获取的信息量，比单一听教师讲课强得多。另一个是关于知识记忆持久性的实验，结果表明，人们一般能记住自己阅读内容的 10%，听到内容的 20%，看到内容的 30%，听到和看到内容的 50%，在交流过程中自己所说内容的 70%。这就是说，如果让学生既能听到又能看到，再通过讨论、交流，用自己的语言表达出来，知识的保持将大大优于传统教学的效果。应用多媒体课件教学，能有效地激发学生的学习兴趣，使学生产生强烈的学习欲望，从而形成学习动机，主动参与教学过程，使课堂信息量加大，学生易于接受，在愉快的气氛、交互讨论中掌握教学的重点、难点，教学效果相当明显。

同时，应用多媒体技术创设引入概念的情境、创设推导规律的情境、创设提出能够逐步深入的问题情景、创设能使学生将所学知识外化的问题情景、引导学生在所设置的物理问题情景中主动探索、主动发现，在生生、师生的讨论与协商中充分地展现相关的物理情景，并经过比较与鉴别、分析与判断，改造已有的物理图景或建立新的物理情景，从而完成所学知识的意义建构。它能让学生主动参与，进行探索和研究，是对学生实现直觉思维、形象思维与逻辑思维相结合的思想训练的理想工具。因此，在课堂教学中应用多媒体技术是辅助课堂教学，帮助教师完成"创设情景、激发动机、提出问题、建立图景、引导讨论、画龙点睛"的极好工具。

在物理教学中，恰当地创设与教学内容相吻合的教学情景，如播放一些趣味物理或科教方面的视频，可以使学生有身临其境之感，充分激发他们的学习兴趣和求知欲望。兴趣是最好的老师，能使学生积极、主动地学习。

例如，初中物理"透镜"一节，将课本的插图变成多媒体计算机上的动画片（可以运用 PowerPoint 的制作幻灯片功能），集图像、文字、声音、色彩等多种信息形式于一体，通过"透镜"，大胖子"变成"小孩，而小孩也能"变成"大个子，这些过程都活灵活现地表现出来，使学生产生浓厚的兴趣，学生的学习积极性被调动起来。这时，学生的思维和情绪都处于最佳状态，如进一步引导他们去追根求源，有关"透镜"的特点就深刻印在学生的脑海中。

2. 多媒体教学再现情景，突破知识的重点、难点

多媒体在教学过程中的运用不仅能突破知识的重点、难点，而且能使学生从形象的感知

中增强学习的兴趣。例如，在教"相遇问题"时，如果用实物或图片进行直观演示，由于时空限制，不利于引导学生充分观察和思考。如果用幻灯片抽拉演示，虽然可以获得"慢镜头"的效果，但由于操作中存在难以避免的误差，很难使学生对"同时出发""相遇"等术语获得非常准确的感知形象。而在多媒体课件中根据教学需要设计相应的运动过程，将各单位时间内所行的路程依次准确地显示出来。这样"分镜头"的模拟既能准确显示相遇问题的特点，又便于教师引导学生观察，启发学生思考。

又如，微观粒子的运动大多是不可见的，如摩擦起电中电子的转移，形成电流时电荷在导体中的定向移动，扩散现象中分子的无规则运动，带电粒子在电场和磁场中的运动等。通过多媒体课件动画模拟实验内容，将微观的、不可见的现象展示在学生面前，使其形象化、直观化，使学生目睹其微观过程，获得感性认识，加深对实验现象、结论的理解。

3. 利用多媒体技术培养学生的多方面能力

自然界中有许多稍纵即逝的物理现象，只有通过极为细心的观察才能把握，经过认真的分析才能理解。应用多媒体技术可以培养学生的多方面能力，激发学生灵感，开拓学生创新思维。

案例 2-12：回旋加速器

回旋加速器（图 2-12）是实验室中产生大量高能粒子的实验设备，高中物理课本以文字和插图形式描述了它的工作原理，因为是静态的，比较抽象、枯燥，不易被学生接受。利用几何画板或 FLASH 制作成课件，创设情景，在这个情景中学生可以观察到周期性变化的电场与粒子运动时间之间的对应关系。教师只提出为什么要有这种对应关系，就会激发学生思维的积极性，从而真正建立起粒子旋转与交变电场"同步"的概念。这种观念的建立和理解不是逻辑推理的结果，而是通过对物理情景认真反复地观察、主动思考实现的，是学生自己"悟"出来的，是一种直觉，这样有利于培养学生的直觉思维能力。

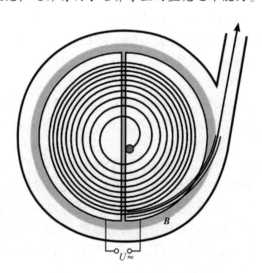

图 2-12　回旋加速器工作原理

案例 2-13：竖直弹簧振子

竖直弹簧振子（图 2-13）在振动过程中不仅运动学量（如位移、速度、加速度）发生变化，而且动力学量（振子所受合外力、弹簧弹力、振子所受支持力等）也发生变化，同时还伴随着振子动能及弹性势能的变化。复杂的变化过程使学生不知如何入手，利用几何画板设计成课件，这些量就会直接反映出来，并找出平衡位置同自由长度位置重合时，木块所受支持力为零。这种情景会激发学生进一步探索的欲望，并在以后当遇到物块与弹簧相连的题目时，可以帮助学生理解物块处于脱离与不脱离弹簧的临界状态，更好地培养学生的形象思维能力。

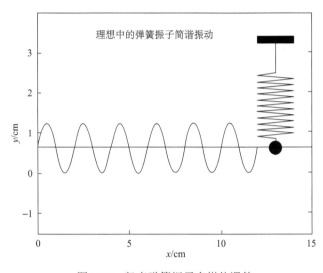

图 2-13　竖直弹簧振子多媒体课件

案例 2-14：交流电的产生

在"交流电的产生"（图 2-14）一节教学中，交流电三要素（最大值、频率、初相）若用动画设计，可以事先提出问题：当线圈匝数、磁感应强度、矩形线圈的面积、转动频率发生变化时，最大值会如何变化呢？学生可以想象，得出自己的结论后，教师开始演示、验证，并进一步提出问题，为什么会出现这种情况呢？正弦图像如何变化？这种形象的图形激发学生兴趣，应用所学过的知识及已有的图景进行类比推理和演绎推理，并用数学公式和逻辑语言将其表现出来，更好地培养学生的逻辑思维能力。

4. 利用多媒体技术优化物理实验教学

随着中小学现代教育技术的不断推广，多媒体技术为物理教学提供了丰富多样的演示手段和方式。在过去的教学中，由于实验器材缺乏、操作过程繁杂、可视性差等原因，无法让全体学生都观察清楚实验的操作过程及实验现象，甚至有些实验无法实现，学生缺乏对实验现象和过程的感性认识，因而对实验原理、现象、结论的理解相当困难。多媒体技术可以通过模拟实验或视频展示等手段有条理地、可重复地展示实验的完整过程，起到优化课堂教学结构、提高教学质量的目的。

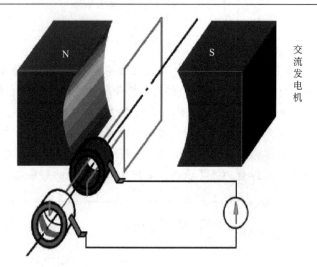

图 2-14　交流发电原理多媒体课件

1）增强实验演示效果

（1）在实验教学中，有许多演示实验的可见度小，难以达到预期的目的。利用视频投影仪将演示操作过程予以放大，通过多媒体计算机将操作过程转播到每位学生的计算机屏幕上，这样不仅演示真实，而且学生兴趣高，观察认真，调动了学习积极性，可收到事半功倍的效果。

案例 2-15：静电演示

由于静电电压高，通常的绝缘体在高压下成为导体；又因静电量少，电荷很快会"漏掉"。此外，一般验电器可见度较低。因此，关于静电演示的实验，学生不易观察清楚。分析上述原因，用绝缘性能好、透明度高的有机玻璃制作一个微型投影验电器。结合投影演示，可以取得灵敏度高、可见度大的效果，使难以演示的静电实验获得成功。同时，放大的图像也便于教师的讲解。各种媒体的使用可增加课堂内容的生动性、形象性和准确性，突出了整个课堂教学的高效性。

（2）许多微观结构和微观现象看不见、摸不着，在中学物理实验室中无法进行演示实验。传统教学中，只能靠挂图、板画及教师的语言进行。但教师很难讲清楚，难以让学生理解和掌握相关知识。应用多媒体课件配合教学，这些困难就迎刃而解。

案例 2-16：α粒子散射实验

"原子结构"教学中的"α粒子散射实验"（图 2-15），通过多媒体投影显示实验过程，学生可以逼真地看到放射源中射出的α粒子射到金箔的原子上，绝大多数α粒子仍沿原方向前进，少数α粒子发生了较大偏转，并且有极少数α粒子的偏转角超过了 90°，有的甚至被弹回，偏转角几乎达180°。这些动态的α粒子运动的径迹，使学生犹如进入了微观世界，印象非常深刻，从而为理解和掌握原子核结构理论创造了条件。

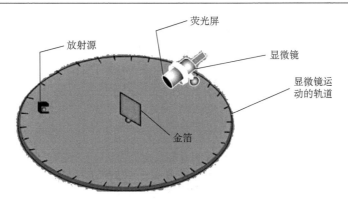

图 2-15 α粒子散射实验示意图

（3）在物理演示实验教学中，有些仪器由于本身构造的原因，刻度和示数很精细，能见度很低，如游标卡尺和螺旋测微器，演示实验的效果较差。利用多媒体技术可以将其放大，让所有学生都能够详细、清楚、完整地观察整个演示实验的过程，增强演示的效果。

2）强化学生对实验概念、规律的理解

概念教学历来是中学物理教学的重点和难点。

案例 2-17：匀变速运动

以"匀变速运动"的教学为例，两个质点（小球）做同向或相向运动。当两质点的初速度、加速度有什么关系时，两质点会在什么时间、什么位置相遇？相遇的次数是多少？教师可以先进行课堂演示实验，测出几组数据，通过计算，学生马上发现这些数据与理论不相符。教师可以向学生设问：为什么这个实验做不成功？通过分析，学生会认识到这个实验的关键因素在于"速度"与"加速度"变量的控制。此时，运用几何画板课件可以按照物理公式设定动画——"变速追赶"课件（图 2-16），按题目条件设定初速度和加速度的大小和方向，双击"运动"框，两质点就严格按照匀变速运动规律运动起来，相遇时间和地点都丝毫不差。也可以慢慢改变运动时间，逐秒观察质点的位移和瞬时速度。用"几何画板"课件演示这类问题，对真实实验起到很好的补充修饰作用，把抽象的物理概念变为直观的感受，教学就不那么难了，学生学起来也轻松多了。

追及问题

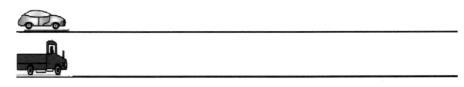

图 2-16 追及问题多媒体课件

3）提高复习效率

传统的分组实验，学生依教师的方法照做一遍，这样无形中扼杀了学生的创造力，抑制了学生主观能动性的发挥，也不利于学生健康成长，更不利于培养高素质的人才。若在分组实验中引入多媒体，丰富的文字、色彩逼真的画面能吸引学生的求知欲。例如，电学分组实验，电路实物图的连接可播放光盘中的模拟实验，学生用鼠标在计算机上操作，如果电路连对了，这时计算机就会向学生表示祝贺，然后再进行具体实验操作。

为使课堂教学中教师、学生和教学内容、教学媒体等有机结合，形成最佳的课堂教学结构，一要注重多媒体技术在提高物理教学方面的优化组合，二要防止在物理教学中广泛应用多媒体技术时产生的一些误区。

三、多媒体辅助教学的应用

信息技术的发展为物理教学提供了许多便利，不仅为教师提供了多样化的演示手段，还可以有效提升教学效率，优化学生学习过程。教师在应用多媒体辅助教学时，可从以下几方面入手，利用多媒体辅助技能优化教学，从而达到激发学生学习激情、提高教学效果、培养创新精神与实践能力的目的。

1. 在知识点的呈现与解析中应用多媒体

物理学科是自然科学的基础学科，是一门实践性很强的实验科学。相关知识点的准确呈现与解析过程对于物理学科教学实践是十分重要的，这是多媒体技术运用于中学物理教学实践中的最常用方法。具体使用措施是：

（1）利用投影仪放大显示物理标本或实验操作等内容与过程，清晰明了地提供示范。

（2）利用计算机显示物理图片、物理活动情景、经典实验录像等，创设情景，引发学习动机，而且其直观形象，利于播放时间与顺序的调控。例如，在探究"电阻与导体横截面积"的关系时，教师可以先在多媒体平台展示如图 2-17 所示画面（本例可用 SWF 实现，有实际连接、模拟实验功能）。学生很容易就会控制好有关的变量：材料、长度，找到符合条件的②与④，进而连线、观察电流表的示数变化，在教师的引导下得出结论：当材料、长度相等时，导体的横截面积越大，导体的电阻越小。

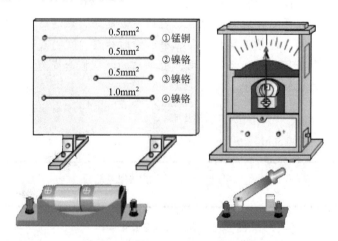

图 2-17　电阻大小影响因素探究

（3）利用动画效果显示物理现象的模拟过程，提供事实，建立经验，使抽象概念具体化、形象化。

2. 在知识体系的归纳与建构中应用多媒体

物理学是一门系统性很强的自然科学。使用多媒体技术，有助于学生形成完整的知识体系。例如，学习过滑动变阻器、电阻箱后，教师可以通过如图 2-18 所示的一张幻灯片，把物理的特征清晰明了地总结出来，学生非常容易就能掌握。

比较滑动变阻器和电阻箱的优缺点

滑动变阻器	电阻箱
有四种接法	只有一种接法
能逐渐改变阻值大小	不能逐渐改变阻值大小
不能直接读出阻值	能直接读出阻值

图 2-18 利用多媒体课件列表比较

3. 在学习过程的展现与延伸中应用多媒体

在课堂上，教师可运用多媒体把有关的知识内容进行分类整合，帮助学生经过理性的思维和判断，形成交流与讨论，引导学生发现新的问题，进行新的探究。

例如，学习完"伏安法测电阻"后，教师以多媒体形式展示一张幻灯片（图 2-19），让学生讨论实验数据的图像为什么是一条曲线。学生经过讨论研究后找到正确答案：灯泡的电阻随温度而变化，电阻值不是固定的。

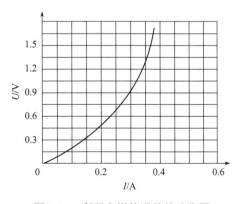

图 2-19 利用多媒体课件辅助作图

4. 在学习巩固与问题反思中应用多媒体

在一节新课完成后，教师可利用多媒体技术开展多种多样的学习巩固活动，并利用多媒体技术的规范性、科学性特点进行及时评价以加深学生的印象，鼓励学生进行问题反思。

例如，上完"变阻器"新课，教师进行课堂小结后，为加深学生对知识的理解，形成知识体系的有效重组与构建，教师利用多媒体动态地展示"油量表的原理"（图 2-20）。学生经过思考、讨论之后，再经教师的引导，找到正确答案：油量的变化造成浮标的升降，进而影响滑片位置，改变了接入电路中电阻的长度（大小），最后引起电流表的示数变化。

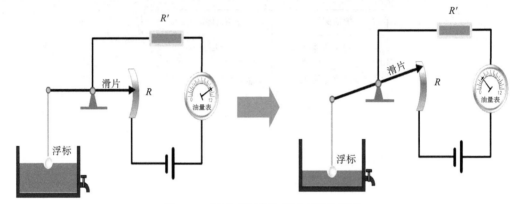

图 2-20　展示变阻器的应用多媒体课件

一节完整的课堂，各个要点与环节都可以借助多媒体技术进行整合，避免了教师一味地讲教，促进了学生思维与协作。

5. 实验教学中适时使用多媒体

利用多媒体技术可以对实验中难以实现的过程或周期较长的过程进行模拟，如固体分子的扩散运动、电荷的定向移动、电动机的工作原理等，可以通过多媒体的展示，收到较好的效果，有利于提高实验教学质量。

例如，在讲授电动机的工作原理时（图 2-21），单纯的板书、语言无法解释清楚电动机的运作过程，如电流的方向、线圈的受力情况、平衡位置、换向器的作用等。只需要一个 SWF 动画，学生就能通过慢动作，逐步了解有关的知识，掌握其中的难点部分。

又如，有的学生不清楚电磁继电器的工作原理，可以借助可互动的多媒体课件（图 2-22），让他们自行"接线"，观察电磁铁的磁性、衔铁的运作、高压工作电路中的触点分离与切换。

值得注意的是，实验只让学生观察录像和动画、进行动态模拟，而不亲自动手操作是不可取的，只能是条件不具备时的权衡之计。用多媒体制作的实验现象和结果会让学生产生怀疑，毕竟实验的结论不能源于亲自动手和观察。教师可以在学生实验操作过程中引入多媒体的演示，如奥斯特实验、磁效应实验等，让学生边看边做，教师再做适当的讲解。这样既容易掌握操作要领，又训练动手能力，让学生在实验操作中理解课堂内容，掌握知识的同时培养基本技能。如果对那些用其他教学方法就能轻而易举解决的问题也采用多媒体技术进行处理，可能会画蛇添足甚至适得其反。例如，直接观察生活中的物理现象等，可能比单纯地观察图像、录像更直观清楚。因此，在实验教学中多媒体技术的应用要把握好尺度。

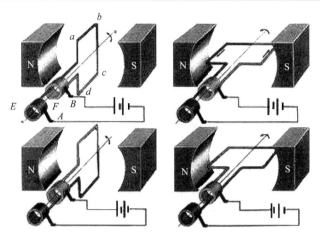

图 2-21　演示电动机原理多媒体课件

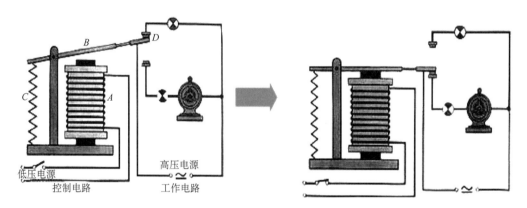

图 2-22　电磁继电器原理多媒体课件

6. 其他多媒体信息技术手段辅助教学

在信息技术高速发展的今天，教学形式更为方便、快捷。微信、QQ、电子邮件等应用非常普遍，物理教师可以通过这些平台更好地上好物理课、做好辅导工作。

例如，许多学校配备了"希沃授课助手"，教师可以在希沃平台上备课，在课堂上直接调用希沃在线资源上课；还有许多地区借助"智学网""七天网"等在线阅卷系统，教师可以借助网络平台完成试卷分析、数据统计等。

信息技术应用于教学是目前的流行趋势，进一步推动了教学改革的深入开展，对学生的学习方法与学习策略乃至教学模式的革新都产生了重要影响。教师在物理教学实践中要排除"作秀"的应用，多一份实在，切实为学生着想，充分重视多媒体在物理教学中的作用，不断提高自身的教学技能。

第三章 物理教学导入微格训练

第一节 物理教学导入概述

导入是教师在新的教学内容或教学活动开始时，引导学生进入学习的行为方式。有经验的教师总是精心设计导入，讲究导入的艺术性。精心设计的导入，能抓住学生的心弦，激发学生的情感，唤起学生对将要学习内容的兴趣，引起动机，使其产生学习的欲望。所以，新课导入是学习活动的起点，是后续开展探究和讨论的基础。

一、教学导入的作用

导入主要的作用在于引起注意、沟通情感、激发和维持对本节课乃至本学科的学习动机和兴趣，从而提高学习效率，达到更好的学习效果。具体表现为以下几个方面。

1. 引起注意，激发学习动机和兴趣

物理教学中有许多比较强烈的、新颖的刺激现象和实验，如与闪电、声音、光等有关的内容，可以利用一些学生生活中不常见或常见却一知半解的现象，唤起情绪反应，吸引学生的注意。教师因势利导，引出学习的目标，激发学生的学习动机和兴趣。

例如，许多学校在上课时都安排了"上课口号"：

师：上课！

生：起立！

师：同学们好！

生：老师好！

师：现在开始上课。

这就是最典型的一种引起注意的课堂起始方式。但这不是我们要讨论的教学导入，它本身没有教学的要素和功能，仅仅是为了引起注意。物理教学导入要求引起注意的同时，还要激发学习动机，为教学提供情境。

例如，"自由落体运动"的教学可以简单导入如下：

师：同学们，老师今天出门忘记带钥匙和雨伞了，走到楼下才发现。于是让家人从三楼的阳台扔下来。假设老师的家人在阳台等高的地方同时释放钥匙和雨伞，那同学们觉得我会先接到哪个物体呢？

生：（思考）雨伞。

师：为什么呢？

生：因为雨伞比较重。

师：……

教师借助一个非常常见的问题情境，引起学生注意，激发学生研究下落问题的兴趣，为介绍亚里士多德和伽利略关于物体下落快慢问题的讨论奠定基础。

2. 引起思考，激发认知的欲望和积极的情绪

偏离经验和预期的有差异的刺激（如矛盾的问题情境、不符合期望的实验结果）可以使学生有新颖感、复杂感、惊奇感或独特感，引起学生的注意和思考。此时，教师自然而然提出问题，激发学生认知的兴趣、探究的欲望、积极的情绪。

教师应深入研究新旧知识之间的内在联系，引导学生复习旧知识的同时自然连贯地过渡到新的内容，知识的连贯性维持学生学习的动机。例如，"自由落体运动"教学中，刻意设置矛盾的问题情境，引起学生思考下落物体的运动规律。

师：从我们的生活经验来看，我们普遍认为重的物体比轻的物体下降得快。我们的前人也是这样认为的，著名的古希腊哲人亚里士多德就认为物体下落的快慢与物体质量成正比，也就是重物比轻物先落地。大家也都因为生活经验，普遍这样认为，在此后的 1900 多年，很少有人怀疑亚里士多德的观点。

师：直到 16 世纪末，伽利略对此提出了怀疑。他认为，既然重物比轻物下落得更快，那如果把重物和轻物拴在一起结果会怎样？

师：整体来看，我们发现总质量增加了，物体应该怎么样？

生：下落得更快。

师：那如果分开来看，轻的物体被重物拖着而加快，重的物体被拖着而减慢，就像大人拉小孩跑，跟大人一个人跑比起来，前者的速度更怎么样？

生：更慢。

师：伽利略的这个怀疑非常有意思，居然得到了两个相互矛盾的结论。大家认为哪个是正确的？为什么呢？

生：……

3. 沟通师生感情，引发学生的学习动机

爱好游戏、体育活动等是大多数学生天生的内部动机。设置与物理教学内容有关的简单活动，不仅可以增加情感体验，沟通师生之间的感情，而且能引发学生学习的兴趣和动机。

例如，教师在"自由落体运动"教学中可以设计活动，让学生"测量反应时间"（图 3-1）。通过游戏不仅激发学生的学习热情和兴趣，而且可以很好地启发学生思考"这个游戏是如何将物体下落与人的反应时间联系起来的？""下落高度是如何对应反应时间的？""尺子下落的运动规律如何？"等与本节课的内容紧密联系的问题，为课程学习奠定基础。

图 3-1　测量反应时间实验

4. 明确学习目标，维持学习动机

一个阶段和时期的学习后，学生形成了比较稳定的学习动机。一般在高年级，教师在适当的时候可以开门见山地提出学习的目标和要求、重点、难点，引起学生注意。明确的目标

有助于维持学生学习的动机。

在物理教学过程中，按照学生不同的年龄特征应用形式多样的导入技能，配合课堂教学的其他环节，使学生的学习动机和兴趣不断强化，最终形成比较长久而稳定的学习动机和兴趣。例如，在学习"电路"时，教师可以直接告诉学生学习目标和作用，以维持学习动机。

师：今天这堂课，我们将揭开物理的一个新篇章——电学。

师：大家都知道，电在我们生活中应用是相当广泛的。自然界当中也有许多电的现象，比如说闪电，那现场能不能先来一个闪电？

师：有办法。大家请看，我这里有一个起电机，把它转起来之后，大家看到的这个现象，可以说，就是一个人工闪电（图3-2）。

图 3-2　感应起电机放电

师：刚才这两极之间的电压高达一万伏以上。高压放电这个现象与我们自然界中的闪电是类似的。

师：我这里还有一个装饰品，叫魔球。通电之后，球内发出了漂亮的辉光，我用手一接触，辉光的分布就有了明显的改变。电笔靠近它，亮了；日光灯管靠近它，居然发光了。

师：类似奇妙的电的现象很多。为了更好地研究这些现象，当然也是为了更好地利用电，我们有必要深入学习一些电学的知识。

通过教师的介绍，引入新的篇章——电学。在教师的导入过程中，学生不仅了解了即将学习到的内容，同时也明白了这些内容在生活中的作用，激发了学生的学习动机。同时，利用一些电学的小实验，教师在激发学生动机的基础上，保持了他们学习的热情和欲望，为后面的学习打下了良好的基础。

二、教学导入的类型

导入的类型有很多，包括：①复习导入；②经验导入；③利用直观演示导入；④实验演示的方式导入；⑤生产实践和生活实际问题导入；⑥物理学史或故事导入；⑦运用逻辑推理的方法导入；⑧游戏导入等。从教学任务和内容、学生的年龄特征和心理需要入手，将导入分为以下几种类型：①直接导入；②回顾旧知识或经验导入；③演示实验、设疑导入等。

1. 直接导入

开门见山直接说出这节课的研究内容，明确学习目标，为接下来的学习定调是物理教学中的常用方法。直接导入要求语言简洁明快，能够点明课程内容和学习意图，同时能引起学生的有意注意，诱发探求新知识的兴趣。

案例 3-1：牛顿第一定律

师：前面我们学习了力及力的平衡问题，知道力的作用效果有改变物体形状和运动状态；也学习了物体做匀变速直线运动的规律，知道物体运动状态及状态变化规律。那么物体受力和运动状态改变之间存在怎样的关系呢？从本节课开始，我们一起来研究力与运动状态变化之间的关系。

2. 回顾旧知识或经验导入

学习是一个循序渐进的过程，根据建构主义理论，学生的学习是在已有认知基础上的自我构建。因此，物理教学要求教师关注学生已有认知基础，要求温故而知新。"温故"包括引导学生回忆所学知识、掌握的方法，同时也包括回忆生活经验等。温故的目的在知新，在回顾时提出新的问题，引导学生思考和分析，进而引入新课。

案例 3-2：牛顿第二定律

师：上节课我们知道了力是物体运动状态改变的原因，物体受到不平衡的外力作用时，运动状态将要改变；还知道物体质量越大惯性越大，物体的运动状态越难改变。今天我们来进一步学习，研究物体受力、质量和运动状态改变之间的定量关系——牛顿第二定律。

师：首先我们要明确研究的问题——力、质量与运动状态改变之间的关系。由于涉及三个量的关系，我们应该怎么办？

生：控制变量法。

师：好，我们可以将问题分两种情况进行研究：①物体质量保持不变时，研究物体运动状态改变与受力的关系；②物体受力不变时，研究物体运动状态改变与质量的关系。

师：要研究这些问题，我们需要测量记录的物理量有哪些？该怎么测量呢？

这里教师回顾了学生刚刚学过的牛顿第一定律，在知道运动状态改变与力、质量定性关系的基础上，指出有必要进一步研究它们的定量关系；同时，借助学生掌握的控制变量法，对复杂问题进行分解研究，降低问题难度。这种基于学生已有认知的导入方式简洁明了，直指课堂教学关键点，是中学物理教学中最常用的方法。

另外，学生在生活中积累了大量与学习有关的经验，教师可以通过借助他们的生活经验来初步解决问题，在分析和解决问题过程中逐步引入新问题、新方法，以实现在原有认知基础上的发展提升。

案例 3-3：科学探究——物质的密度

师：这里有老师准备好的一些东西。首先是这两样：分别是水和酒精，你们有办法区分它们吗？什么办法呢？

生：闻一下。

师：通过味道区分是很好的方法。那这两支粉笔呢？

生：看颜色。

师：回答得很好，通过颜色。那么来一个比较难的，这两样分别是铝块和铁块，怎么区分呢？

生：铁块比较硬。

师：通过硬度区分，回答得很正确。那么我们比较了液体和固体。再来比较一个气体的，氧气和水蒸气怎么区分呢？

生：根据化学知识，通过化学性质区分。

师：回答得很好。味道（气味）、颜色、硬度和化学性质等之所以能够作为区分标准，是因为它们属于物质的特性。而要分辨物质，就要知道并且利用物质所具有的唯一特性，就像之前所说的味道（气味）、颜色、硬度和化学性质一样。

师：但是有些物质我们不能通过一些直观的手段去观察，如一些化学物品。这个时候我们该怎么办呢？同学们想知道吗？关于这个问题的答案，就是我们今天要讲的主要内容——密度。

学生对生活中的水和酒有充分的认识，能够轻易鉴别出来，教师首先借助了学生这一认知特点，使教学导入非常自然、门槛很低，接着引导学生发现不同物质往往有不同的特性，而这种唯一特性才是鉴别物质的方法，进而引导学生尝试去寻找这种能够鉴别物质的特性——密度。这样的导入不仅回顾了旧知，同时提升了学科价值，体现了从生活到物理、从物理到社会的课程理念。

3. 演示实验、设疑导入

许多物理发现都是从现象开始的。教师借助实验仪器、生活物品等辅助工具，演示生动的实验现象，引导学生观察、分析实验中的现象及产生这种现象的原因，是物理教学的常用方法。实验演示通常要求突出关键因素、直指问题核心，即学生能够借助实验现象分析思考，得到课堂教学的关键信息，以达到提高课堂教学效率的目的。

应该避免仅仅为了好玩、热闹、兴趣而设计实验的情况发生，教学目标不明的实验同样会引起学生注意、激发研究兴趣，但偏离课堂主题的兴趣不利于课堂教学。

案例 3-4：圆周运动实例分析

师：同学们，老师手里有一个装有水的无盖水杯，你们能够告诉老师，如何做到杯口朝下，而水却不会流下来吗？

（学生思考。）

师：大家看过"水流星"（图 3-3）的杂技表演吗？在这里老师给大家演示一下。请同学们注意观察水杯的运动和水在最高点的情况。

图 3-3　水流星示意图

（教师演示水流星。）

师：看了刚才的这一现象，同学们有没有感觉奇怪，为什么开口的水杯在运动到上方时，明明是开口向下的，水却没有流出来呢？

师：我们先来分析一下，水杯在做什么运动啊？

提出带有悬念性的问题导入新课，能激发学生的兴趣和求知欲，同时明确学习和研究的方向，直达教学目标。当然，设疑导入的方式很多，除实验外，教师还可以设置学生应用知识和方法解决问题的情境，在回顾旧知、解决问题中设疑导入。

案例 3-5：超重与失重

师：同学们，在本书第四章的地方我们学习了重力及重力的测量方法。老师这边有一个弹簧测力计和一个砝码（图 3-4），我想请一个同学用弹簧测力计来帮老师测量这个砝码的重力大小。

（学生上台用弹簧测力计测量砝码的重力。）

师：这个同学准确地测出了砝码的重力，请回座。同学们还记得我们用弹簧测力计测量砝码重力的时候要满足什么测量条件吗？

生：物体必须保持静止或匀速直线运动状态。

师：物体对弹簧测力计的拉力和物体所受的重力是性质不同的两种力，我们是根据牛顿第三定律和二力平衡的规律，知道在物体平衡时，弹簧测力计的拉力大小等于物体受到的重力。因此，操作时要求物体静止时读数。台秤等就是根据这个原理制作出来的。

师：如果物体此时不是保持静止或匀速直线运动状态，那么弹簧测力计的结果又会如何呢？

（教师演示：让物体向上加速，观察弹簧测量计的示数发生的变化。）

图 3-4　弹簧测力计和砝码

师：我们发现，加速时的示数大于刚才的示数，这是为什么呢？

第二节　物理课堂教学导入的设计与分析

好的开始是成功的一半，好的课堂导入也是物理课堂教学成功的开始。精心设计的导入能抓住学生的心弦，设疑激趣，促成学生情绪高涨，步入求知欲的振奋状态，有助于学生获得良好的学习效果。学习并掌握如何更好地导入是师范生从教的一项必修技能。

一、物理课堂教学导入技能的构成

导入的类型多种多样，但无论哪种类型，基本上都表现了导入技能构成要素的一种或多种。导入技能的构成要素主要有以下三个方面。

1. 引起注意

要开始上课了，可是学生还沉浸在谈话、讨论、嬉戏等活动中，教师如何让学生的注意迅速转移到学习任务上来呢？这就需要教师具有引起学生注意的技能。导入的首要任务是使学生与教学无关的活动得到抑制，迅速投入新的学习中，并得到保持。

注意有两层含义：一是指知觉的集中，二是指一般的警觉功能。教学导入主要借助教师的语言、提问、演示等技能引起学生注意。

案例 3-1 和案例 3-2 是教师通过语言引起学生注意；案例 3-3 和案例 3-4 是通过演示引起学生注意；案例 3-5 则是通过演示和提问引起学生注意。

2. 激发学习兴趣

兴趣是学习动机中的重要成分，是求知欲的起点。导入的目的是用各种方法把学生的这种内部积极性调动起来，进入即将展开的学习情境中，为各种思维训练奠定基础。但教师要注意，这里的"兴趣"要与教学内容密切相关，无关的兴趣可能打乱教学进程，分散学生注意力。

学习兴趣的激发往往需要借助恰当的演示和巧妙的提问。例如，案例 3-3～案例 3-5 就是通过演示吸引学生注意，然后借助提问引发学生认知冲突，激发学习兴趣。

3. 形成学习动机

在导入的过程中，只有使学生明确学习目的，才能把他的内部动机充分调动起来，发挥学习的积极性和主动性。导入是教师在新的教学内容或教学活动开始时使学生产生学习动机的一种教学行为方式。它的主要目的是引发学生的注意力，激发学生的学习兴趣，明确为什么要学，学什么，并建立新旧课之间的联系。好的导入可以点燃学生思维的火花，使学生思维具有广阔性和灵活性。教学导入中，各种技能的应用都要以形成学习动机为目标，避免为了导入而导入。

二、物理课堂教学导入的设计与案例分析

导入的类型很多，在具体的课堂上该应用哪些类型呢？这就涉及导入教学的设计。

前面讨论的导入的作用、要素、特点等是导入教学设计理论基础的一部分。教师应按照教学的具体情况，选择最优化的导入方式。在物理教学中，教师可以从物理概念和规律特点、学生学习物理的认知和心理特点等方面设计导入。在导入设计时，要特别注意语言、提问、变化、强化、演示等技能的设计，熟练使用各项教学基本技能，提高教学导入的效果。

1. 基于物理概念和规律特点的导入设计

从物理概念和规律本身的特点来说，中学物理概念类型大概有本质特征概括的概念、比例概念和理想化模型三类，物理规律有归纳型和推导型两种。概念和规律的性质不同，导入也不同。

1）提供感性认识的现实情境而导入的设计

由本质特征概括而形成的概念和一些归纳型的规律可以采用此方法设计导入。例如，压强、质点、重力、机械运动、熵等概念可以通过以适当的方式呈现自然界、现实生活和生产中的典型事例，比较典型事例的共同特征而导入。

案例3-6：速度与加速度

教学过程	技能说明
生命在于运动！在大自然中很多物体都在不停地运动，而且运动有快有慢，如蜗牛的缓慢爬行（语速慢），运动员们在赛场上快速地奔跑（语速急），飞机快速飞行（语速快）等（展示幻灯片）。	【语言技能】教师使用抑扬顿挫、高低曲折的语言描述自然界的运动，使学生在获得知识的同时，得到美的享受，并对学生产生潜移默化的影响，提高了学生的语言表达能力和语言美感。
大家注意，老师用了"缓慢""快速"这样的字眼来描述了它们各自运动的快与慢。我们是如何判断物体运动快和慢的呢？	【变化技能】注意是课堂教学中学生学习的一个重要因素。课堂教学中，物理教师运用变化技能，把学生的注意力始终集中到教学上来，使学生的注意保持良好的品质，沉浸于教学的意境之中。
接下来我们大家一起来讨论两种简单情况的运动。男孩和女孩从 A 地同时出发，到达 B 地时男孩所用时间比女孩所用时间短。 　　（教师播放动画。）	【演示技能】学生认识有关事物，学习某些抽象的概念、规律时，必须从接触这个事物，获得感性认识开始。对于直接经验不多的学生，要建立一个概念，掌握一个规律，必须有个观察现象、重温经验以致产生印象从而形成观念的过程，才能达到理解、巩固的目的，并实现迁移。
因此，同学们说他们谁快谁慢呢？判断的依据又是什么呢？ 　　（因为走过路程相同，男孩运动时间更短。） 　　在路程相同时，我们通过比较其时间可以知道运动的快慢。相同路程，所用时间较短的男孩运动得快，女孩所用时间长，所以运动得较慢。 　　（板书：相同路程比较时间。） 　　那么接下来我们来观察第二种情况。男孩和女孩同时从 A 地出发，经过了相同的一段时间，女孩只走了一半的路程，而男孩走完了全程（教师播放动画）。此时同学们觉得谁运动得快呢？ 　　（男孩运动得快，因为用了相同时间，男孩走的距离更长。）	【提问技能】教师在学生已有知识的基础上提问，使新旧知识联系起来，形成良好的知识结构，为系统地掌握知识奠定基础。 【强化技能】教师通过组织教学过程中的情境呈现，使学生对其做出反应。如果教师没有给予反馈，则学生的认识尝试活动会失去方向和动力，这样教学环节便失去控制，学生的思维活动变得混乱。强化技能的运用保持了师生之间、学生之间、学生和教学材料之间的相互作用，使大多数学生的思维和行为步调相对一致地沿教学计划有序发展。
同学们说得对，经过相同时间，男孩走的距离更长，所以他运动得更快。在时间相同时，我们通过比较其走过路程可以知道运动的快慢。 　　（板书：相同时间比较路程。） 　　通过上述的两种运动情况，我们归纳总结一下这两种简单情况的运动快慢的描述方法：路程相同比较其时间，所用时间短说明运动得快，反之运动得慢；运动时间相同比较其路程，所走路程长说明运动得快，反之运动得慢。	【强化技能】教师对学生的正确行为给予鼓励、赞赏等恰当的强化方式，学生体会到自己的认真学习得到教师、同学的肯定，心理产生满足感，认识到行为的正确性并积极表现，其他学生通过间接强化也能有所体悟。
我们刚才考虑的只是两种最简单的运动情况，那如果路程和时间不相同，我们该如何描述物体运动的快慢呢？	【变化技能】在教学过程中，利用教学组织形式、教学活动形式等各种形式的变化，避免单调、枯燥、乏味的教与学，可以引起学生的学习兴趣，调动学生的学习积极性和求知欲望，使学生全神贯注地学习和思考。

案例 3-7：压力的作用效果（1）

教学过程	技能说明
今天，我们来讲压力的作用效果。我们知道，力会使物体形变。那么，相同的力，产生的形变一样吗？	【提问技能】此处问题稍显突兀，不宜让学生回答。因为课堂一开始，学生的注意力并未完全集中，学生不能完全领悟教师问题的意图。故教师提问后，不要着急让学生回答，而是接着引导、启发，在学生充分领悟后再让他们回答。
我们来看图片（幻灯片展示）：人在雪地上行走，脚容易陷入积雪中，但是如果有宽宽长长的滑雪板，滑雪运动员的脚不仅不会陷进雪里，还能在雪地上滑行，这是为什么？  运动员的体重差不多，即对雪的压力差不多，但是雪的形变情况却差异很大，大家能找出造成这种差异的原因吗？ （如果人的体重一样的话，原因只能是一个是双脚施力，一个是通过滑雪板施力。）	【提问技能】教师在提问后，补充介绍问题的情境，把需要学习的新知识与学生已有知识和发展水平之间的潜在矛盾表面化、激烈化，激励学生运用已有知识和生活经验，积极思考、探索，解决矛盾，获得新知识。
非常好，同学们观察非常仔细。下面再请同学们用两只手的大拇指顶住铅笔两端，手指有什么感受？加大力气呢？ 大家都说疼。具体地说应该是，开始不疼后来更疼；平的一端手指不疼，尖的一端会比较疼。造成这样效果差异的原因又是什么呢？	【演示技能】演示实验中，展示了许多有趣、新颖、惊奇的物理现象，教师在演示中又创设教学情境，巧设疑问，把这种外部诱因作用于学生，使其产生内部需要，激发了学习兴趣，提高了他们的学习积极性，从而把学习积极性引向具体的学习目标。
大家都感受到了，疼时笔尖扎得比较深，即手指形变量较大。力气越大形变量越大，面积越大形变量反而越小。 这两个实验都说明了力的作用效果与受力面积及压力大小有关。	【强化技能】在教学环境中通过提供线索和指引学生找到依据，使学生的预期最终被证实，这是对学生猜想信息的反馈，是对学生探索行为和思维的强化，是学生的内部强化。这能积极培养学生的探索意识和克服困难的精神，发展科学探究的思维能力。

为学生提供感性认识的方法很多，回顾学生已有生活经验和已学知识、现场实验、播放视频等都能很好地为学生提供有效的感性认识。要注意选择适当的方式引导学生回顾，同时设计巧妙的引导，帮助学生突出问题的关键因素，弱化（忽略）次要因素，将研究的问题集中，使效果最优化。

2）复习旧知识发展新知而导入的设计

教师可以通过直接提问的形式让学生复习已学知识，引出新的知识，这是最简单的复习导入方式。有经验的教师往往很注重新旧知识之间的内在联系，如知识内容之间的内在联系，新旧知识建立方法的一致性，知识对学生情感、态度、价值观培养方面的相互联系等。复习导入是中学物理课堂教学最常用的导入方式，温故而知新可以有效提高教学效率。

案例 3-8：功

教学过程	技能说明
我们在初中的时候就学过了功的计算，请同学们回忆一下，初中时如何计算一个物体所做的功？ （$W=Fs$，当力与运动方向垂直的时候不做功。）	【提问技能】简单的复习提问，把需要学习的新知识与学生已有知识和发展水平之间的潜在矛盾表面化、激烈化，激励学生运用已有知识和生活经验，积极思考、探索，去解决矛盾，获得新知识。
非常好，所有同学都脱口而出，（板画）当**物体在力的方向上运动**了一段位移 s 时，**这个过程**所做功 $W=Fs$，而当力与运动方向垂直的时候不做功。在这里，同学们有没有听出老师特别强调了什么？ （物体在力的方向上运动。） 耳尖的同学都听出来了，**物体在力的方向上运动**，还有**这个过程**，那我们先说过程，为什么强调过程？这是因为功是一个过程量，也就是说，功是力作用在物体上通过一段位移或一段时间才产生的，求功时，一定要明确是哪一个力在哪一段位移上做的功，也就是明确哪个过程所做的功。 第二个我们强调，当物体在力的方向上运动了一段位移 s 时，这个过程所做功的计算方法是 $W=Fs$。那么老师提出问题，当力与位移不在同一直线上，而是成一个角度时呢？如图所示，一个人用斜向上的恒定的力拉物块发生了一段位移 s，力 F 是否做功以及做多少功呢？这正是本节课要学习的内容。 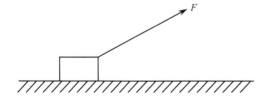	【板书技能】由于课堂讲解瞬息即逝，学生仅凭听讲而要理解一堂课教学内容的全貌（尤其是物理知识之间的内部结构和各部分之间的逻辑联系），以及一些严谨的物理概念和规律是比较困难的。学生根据教师板书的分析，很好地跟随教师的思路，理解物理的过程，领会物理规律和概念的内涵。 【强化技能】教师通过组织教学过程中的情境呈现，使学生对其做出反应，如果教师没有给予反馈，则学生的认识尝试活动会失去方向和动力。强化技能的运用保持了师生之间、学生之间、学生和教学材料之间的相互作用，使大多数学生的思维和行为步调相对一致地沿教学计划有序发展。 【语言技能】教师用准确的语言描述物理概念，帮助学生理解物理概念的本质特征，理解功的含义，明确功的内涵和外延。

学生在初中就已经掌握"功"的计算，同时初中的定义也为高中进一步学习力和位移不在同一方向上的功埋下了伏笔。教师可以借助学生已有的认知，设置问题情境，引导学生深入分析问题，达成教学目标。

2. 基于学生学习心理特征的导入设计

根据学生学习心理特征的导入可以从设置感兴趣的问题和与原认知冲突的问题入手。

如果新概念与学生进入学习之前具有的经验、形成的概念和科学概念一致，则可以结合概念本身的性质，设置学生感兴趣的情境、提供感性认识等。例如，力、速度、压强、重力、摩擦力等概念，学生在生活中已经有了一定的感性认识，教师选择现实生活、生产中的典型事例，借助图片、视频等多媒体手段，也可以现场演示的方式，帮助学生回忆相关的旧有经验，在此基础上开展教学。

如果是学生具有错误前概念的物理概念和规律教学，可以设置形成认知冲突的问题情境的导入。这种方式经常也就是先设置问题情境充分暴露学生的前概念，让学生清楚自己是怎么想的，教师一般要引导学生对学生的观点进行讨论、分析、验证。

1）设置学生感兴趣的情境，提供感性认识导入

这种导入的主要目的是使教学更直观，使学生在学习抽象的概念和规律之前获得足够多的感性经验。

案例 3-9：圆周运动实例分析

教学过程	技能说明
美国有一部电影，叫《速度与激情》，同学们看过吗？里面的赛车手开车速度都特别快，甚至可以超过飞机，这样都还能特别安稳地行驶。但是，这只是电影，在现实中，开车速度过快会怎样啊？ 　　（会翻车。） 　　没错，开车速度太快是很容易发生事故的。老师这里有一个关于赛车事故的视频。请同学们认真观察一下，事故通常是在什么情况下发生的。 　　（转弯处及上下坡处。） 　　有同学说是在转弯和上下坡的时候，有些同学可能还没看清楚。没关系，老师截屏了几张图，大家和老师一起来看一下。第一张图是在转弯处翻车了，继续看第二张图，是在上坡的时候发生了事故，第三张图也是在上坡的时候翻车了，第四张图是在赛车转弯时发生了事故。我们发现赛车事故通常都是发生在转弯处和上下坡处，但是为什么会发生这种现象呢？	【演示技能】教师播放视频片段，为学生提供丰富的直观感性材料，有利于突破难点和重点，促进学生理解和巩固知识，加快教学过程，提高课堂教学效率。 【强化技能】教师通过组织教学过程中的情境呈现，使学生对其做出反应，使大多数学生的思维和行为步调相对一致地沿教学计划有序发展。
我们在黑板上把发生事故的地方简单模拟一下，大家看黑板（教师画出转弯及上下坡时的轨迹）。大家仔细观察轨迹，发现什么特点呢？ 　　（轨迹是弧形的。） 　　没错，弧形也就可以看成一个圆的一部分，弯道与坡就可以看作圆周运动轨迹的一部分，所以赛车在转弯或上下坡时的运动可以近似看成赛车在做圆周运动。不同的是，转弯时赛车是在水平面做圆周运动，上下坡时赛车是在竖直面内做圆周运动。我们先来分析赛车转弯时的运动，即水平面上的圆周运动。	【板书技能】在演示分析的基础上，教师还需要在黑板上作图，帮助学生进行更直观的分析。物理知识之间的内部结构和各部分之间的逻辑联系在课堂讲解中瞬息即逝，学生根据教师板书的分析，很好地跟随教师的思路，理解物理的过程，领会物理规律和概念的内涵。 这里不建议使用多媒体动画作图，板书作图可以减缓教学进度，更好地引导学生思考。

续表

教学过程	技能说明
回到刚才的事故视频，轨道要求赛车在此处做圆周运动，赛车因为无法维持圆周运动而脱离轨道发生事故。那上一节课我们已经学习过了，物体维持圆周运动需要哪些条件？ 　　（供需平衡的时候。提供的向心力刚好等于所需的向心力。） 　　没错，只有外界提供给物体的合力正好等于物体做圆周运动需要的向心力的时候，物体才会做圆周运动。接下来，我们一起分析一下在水平转弯时向心力的来源。	【变化技能】长时间集中注意力于同样的一个或一类对象中，学生会疲惫不堪，反而影响学习效率。利用变化技能，充分利用多种传输通道传递信息，尽可能地调动学生的不同感官，有效地、全面地向学生传递教学信息，并以此与学生充分地进行多渠道的交流，使教师、学生、教学材料之间的交流在不同教学元素的变化中顺畅、高效地进行，学生会情绪高涨，心情愉悦。

　　教师通过赛车视频，让学生直观体验了事故发生的位置，通过对事故发生地赛道的分析，逐步明确了这是圆周运动的问题，将问题的原因归结为所提供向心力和所需向心力的关系上。这样的导入借助了电影的声、光效果，能够有效抓住学生的注意力，教师通过巧妙的设问"事故发生的位置、事故发生的轨道特点"将学生引导到圆周运动问题上，通过"维持圆周运动的条件"的讨论，直达本节课教学的关键——研究提供向心力与所需向心力的"供需平衡"问题上。

　　提问技能的应用是课堂导入的关键之一，案例 3-9 中通过层层引导的提问，巧妙地将学生的注意力引导到圆周运动和车祸原因的分析上，而不是关注车祸的后果等其他现象。

案例 3-10：科学探究——物质的密度

教学过程	技能说明
同学们，大家好，在上课之前我跟大家分享一个小故事，这个故事发生在古希腊。传说在古希腊有一个国王，他想制一顶纯金的皇冠。于是，他找来一位手艺高超的首饰匠制作。 　　可是，当首饰匠把皇冠送来的时候，国王又开始担心：这皇冠是不是纯金的？工匠有没有偷拿他的黄金呢？ 　　于是他召见当时最有名的智者，也就是大家熟悉的阿基米德。阿基米德苦思冥想了很久。有一天他走进浴室，当他浸入水中的时候，水溢出来了，他忽然高呼"有办法了，有办法了"。  　　大家想不想知道阿基米德是用什么方法检验这皇冠是不是纯金的？那就请同学们跟着老师走进今天的课堂："科学探究——物质的密度"。	【语言技能】借助生动形象的语言向学生讲述一个历史故事。教师丰富、生动的教学语言，能有效地刺激学生对物理的兴趣，促使他们喜欢物理课。

　　青少年正处在活泼好动的年纪，他们长期被压抑在严肃的学习氛围中，偶尔听到一些"趣事、轶事"会迸发出极高的学习热情和兴趣。因此，物理教师平时应收集一些物理学史故事、科学家的趣闻逸事、科学小游戏等，在日常教学中往往会起到意想不到的作用。

　　在学习"密度"的概念时，教师介绍阿基米德鉴定皇冠的故事能够有效激发学生的学习动机和探索兴趣，教师在此基础上开展教学能够起到良好的效果。

　　要注意的是，学生被教师的故事、游戏吸引以后，教师应想办法让学生的兴趣得到保持，沿着学生的探索路径开展教学。

　　2）设置形成认知冲突的问题情境而导入

　　实践和研究都表明，学生是带着对事物的一定认识进入课堂的，这种认识有时是与科学概念相背离的，有时是符合科学概念的。教师应深入了解学生学习前的已有认知，设置认知冲突，帮助学生澄清概念，在同化和顺应过程中实现科学概念教学。

案例 3-11：压力的作用效果（2）

教学过程	技能说明
同学们，上课了。今天我们要学习的是压力的作用效果。我们先来做一个有趣的小实验。老师先让牙签轻轻地碰气球，同学们觉得气球会怎样？ （会破。）  　　会不会破呢？我们来试一下。（教师做实验）果然破了。那如果气球和很多图钉同时接触呢？是不是更容易破呢？我们来试一下。 （教师将气球放在图钉板上。）  　　咦，没破，轻轻地用力压它，也没破。是这个气球有什么魔法吗？我们再让它和一根牙签轻轻碰一下，破了，说明这就是一个普通的气球。	【演示技能】教师演示牙签扎气球，展示了有趣、新颖、惊奇的物理现象。教师在演示中又创设教学情境，巧设疑问，把这种外部诱因作用于学生，使其产生内部需要，激发了学习兴趣，提高了他们的学习积极性，从而把学习积极性引向具体的学习目标。 【演示技能】这个实验成功的秘诀之一在于图钉数量足够多，且密集分布，教师要多试几次。同时还要注意安全，以免图钉散落一地。

续表

教学过程	技能说明
看完这个实验，同学们心里是不是充满疑问呢？为什么气球和更多的图钉同时接触反而更不容易破呢？这就和我们今天要学习的压力的作用效果有关。等我们学完这一节，同学们就能解开这个疑问了。要学习"压力的作用效果"，那我们首先就要知道什么是压力。	【变化技能】在教学过程中，利用教学组织形式、教学活动形式等各种形式的变化，避免单调、枯燥、乏味的教与学，可以引起学生的学习兴趣，调动学生的学习积极性和求知欲望，使学生全神贯注地学习和思考。

这里教师借助学生已有的经验——尖锐物体容易刺爆气球，先设置实验强化学生这一认知，然后设置矛盾的实验情境，刺激学生对尖锐物体刺爆气球原因的思考，为压力作用效果的学习埋下伏笔。

设置形成认知冲突的问题情境导入的技巧就是要设置一个问题情境。教师应充分尊重、理解学生先前经验，引导学生充分表达各自的观点。这一过程可能比一般的灌输教学要花更多的时间，但应用这样的技巧可以在很大程度上促进学生对概念的理解和对科学知识的学习。

学生学习物理概念、规律前，大脑中已有与科学概念不一致的概念，如力、功、牛顿第一定律、牛顿第二定律、自由落体运动、温度和热量、电流、浮力、平面镜成像、溶解与熔化等（表 3-1）。

表 3-1　学习前概念举例

科学概念	学习前概念
力	1. 只有有生命的人（或动物）才能施出力，或只有人（或动物）及发动机、磁铁、带电体等几种特殊物体才能施出力。 2. 力的作用是单方面的，如人、动物或磁铁等施力于某物体时，并不受到受力物体的反作用力。 3. 人施力的大小，在体力许可范围内，取决于主观愿望。
牛顿第一、第二定律	1. 运动必须要有力的维持；要使物体运动，一定要有力的作用。 2. 要使物体做匀速运动，必须有大小不变的力作用在它上面；要使物体做加速运动，作用力要不断增加。 3. 人或动物只要依靠自身的力量，就能克服阻力做匀速或加速运动。例如，迈开腿就能走起来；汽车等交通工具只要依靠本身内部的力量就能克服阻力做匀速或加速运动，发动机一开就动起来了。
电流	1. 电流是从电源出发的电荷像流水一样定向移动而到达用电器的过程。 2. 在串联电路中，两相同的灯泡 A、B，如果接通电源，那么离电源正极近的灯泡 A 要亮一些，因为先通过 A，从 A 到 B 时用了一部分电，电越来越弱。

续表

科学概念	学习前概念
浮力	1. 油比水更容易漂浮，所以物体在油中所受的浮力比水中大。 2. 木块受到的浮力大于相同大小的铁块受到的浮力。 3. 浮力大于重力，如果不大于重力，物体怎么上浮呢？
平面镜成像	人离镜子越远，像越小。

第三节　物理课堂教学导入微格训练

行动一、案例观摩与研讨

在对物理教学导入有了初步的感性认识之后，怎样将这些理论知识体现在教学实践中呢？观看并分析视频课例，体会导入技能的运用方法、技巧及有关原则。

课例 3-1：向心力与向心加速度

教学课题	向心力与向心加速度				
技能训练	导入技能	片长	11 分 17 秒	视频二维码	
教学目标	1. 知道物体做圆周运动需要向心力。 2. 知道向心力的来源和特点。				

内容简介

通过课堂"搬运乒乓球游戏"，寻找秘诀：需要让乒乓球在酒杯中做圆周运动。接着围绕"为什么做圆周运动的乒乓球不掉落"进行受力分析，发现乒乓球并没有受力平衡，仍然受一个水平方向且方向变化的力。

然后教师进一步分析水平圆周运动。

演示实验 1：物体在圆形挡板内部做圆周运动。发现挡板提供一个指向圆心的力，如果没有这个力，物体就无法做圆周运动。

演示实验 2：木块在圆盘上随圆盘一起圆周转动。发现也有一个摩擦力，使物体不脱离圆盘飞走。这个摩擦力方向与滑行趋势方向相反，即指向圆心。

续表

在两个实验的基础上,教师总结:做圆周运动的物体都受到指向圆心的力的作用。这样的力就称为向心力。

最后,教师总结向心力是按效果来命名的,不是一种新的特殊性质的力。向心力的方向与速度方向**始终**垂直,所以向心力只改变速度方向,不改变速度大小。

初看视频后,我的思考与评价:

课例 3-2:滑轮及其应用

教学课题	滑轮及其应用				
技能训练	导入技能	片长	4 分 26 秒	视频二维码	
教学目标	1. 知道滑轮是杠杆的变形。 2. 知道滑轮的构成和特点。				

内容简介

在杠杆学习的基础上,组织学生借助"杠杆"提水(如图所示),发现等臂杠杆无法将水桶从深井中提出。引导学生思考应该怎么办,引出"杠杆如果能连续转动就好了"。

教师拆除"地面"等装置,让杠杆绕中心连续转动起来,形成一个圆。再引导学生思考如何让转动更方便,得到"把杠杆做成圆形的转动就更方便了"。教师指出这样的装置称为滑轮。滑轮实际上就是杠杆的变形。

然后教师介绍滑轮的构造:由轮、轴、框、钩四个部分组成,能够绕轴转动的、边缘有槽的轮子称为滑轮。

最后教师示范利用其中一个滑轮将重物举高的方法,并定义动滑轮和定滑轮。

初看视频后,我的思考与评价:

课例 3-3：光的折射

教学课题	光的折射				
技能训练	导入技能	片长	4 分 28 秒	视频二维码	
教学目标	知道光的折射现象				

内容简介

　　教师演示 1：筷子插入水中的实验，发现筷子"折断"了。

　　教师演示 2：侧看不到的碗底硬币，在加水后可以看到了。

　　提问学生：为什么出现这样的情况呢？

　　教师继续演示其他光的折射现象，引出本节课的主题——光的折射。

初看视频后，我的思考与评价：

课例 3-4：牛顿第一定律

教学课题	牛顿第一定律				
技能训练	导入技能	片长	2 分 49 秒	视频二维码	
教学目标	1. 了解亚里士多德和伽利略的观点。 2. 知道物体运动状态不需要力来维持。 3. 知道力是改变物体运动状态的原因。				

内容简介

　　教师介绍古希腊亚里士多德对力与运动关系的思考，并结合生活实例进行分析说明，引出"物体运动是否需要力来维持"的思考。

　　举例分析生活中的现象，如投篮、推滑块等，逐步深入反驳亚里士多德的观点。

　　然后介绍伽利略的思考，设计实验方案验证伽利略的猜想，得出结论。

初看视频后，我的思考与评价：

主题帮助一、导入语言的特点

教师在导入新课时，要想第一锤就敲在学生的心灵上，激起他们思想的浪花，像磁石一样把学生牢牢吸引，就需要精心设计导入的语言。

（1）创设情境、引入材料、启发谈话导入新课时，教师的语言应富有感染力。无论是用富有激情的诗歌，还是叙述事实、情节过程，或介绍地点、环境特征等，教师语言的感情色彩都应该十分鲜明。语言既要清晰流畅、条理清楚，又要娓娓动听、形象感人，使每一句话都充满感情和力量。这样的教学语言能拨动学生的心弦，使其产生共鸣，激起强烈的求知欲望。

（2）直观演示、动手操作、借助实例导入新课时，教师的语言应该通俗易懂、富有启发性。无论对实物的演示说明、对操作过程的指导，还是对实例的解释说明，教师都应选择最恰当的语句，准确、简洁地表达出教学内容，点明直观作用。运用这样的语言才能吸引学生的注意、启发思维，调动学习的积极性，更好地探求新的知识。

（3）审题入手、类比、联系旧知识导入新课时，教师的语言应该清楚明白，准确严密，逻辑性强。只有用准确严密的语言提出问题、进行讲解，才能使学生由此及彼、由表及里地推想，才能温故知新引起联系，使学生正确掌握新课内容，提高课堂教学的质量，取得最佳的学习效果。

（4）用巧设悬念的方法导入新课时，教师的语言应该含蓄、耐人寻味。这样的语言会使学生感到新奇，容易引起联想，活跃他们的思维，调动学习知识的积极性。

总之，无论采用什么方法导入新课，教师的语言都要确切恰当，有画龙点睛之妙；也应朴实无华、通俗易懂、实事求是；还应生动活泼、饶有风趣，给人以幽默之感。

 行动二、编写导入教案

根据导入技能的特点及要求，参考课例 3-1 和课例 3-2 的视频，认真备课，根据自身教学特点，完成相应的教案编写。编写教案时要注意基本技能的应用，编写格式可以参考表 3-2。

表 3-2 教案编写格式

姓名		指导教师	
片段题目		重点展示技能类型	
教学目标			
教学过程			
时间	教学过程		技能分析
设计思路说明			

课例 3-1："向心力与向心加速度"教案

姓名		指导教师	
片段题目	向心力与向心加速度	重点展示技能类型	演示技能 强化技能
教学目标	1. 知道物体做圆周运动需要向心力。 2. 知道向心力的来源和特点。		

<table>
<tr><td colspan="3" align="center">教学过程</td></tr>
<tr><td>时间</td><td align="center">教学过程</td><td>技能分析</td></tr>
<tr>
<td></td>
<td>

同学们好，我们要上课了。

首先我们一起来做一个小游戏！大家看，老师这里有一个竖直放置、杯口始终朝下的玻璃杯，怎样利用它将桌面上的乒乓球竖直提起来，跨过障碍物，搬到另一边呢？大家思考一下。

好，我们请这位同学来试试。

（同学尝试。）

好，请坐！我们要表扬一下这位同学，方法是对了，遗憾的是离成功只有半步之遥。老师也来试一下！

（教师成功演示。）

大家说说看老师成功的秘诀是什么。

让乒乓球在玻璃杯内快速做圆周运动。

为什么快速做圆周运动的乒乓球不会掉下来呢？究竟做圆周运动的物体有什么受力特点呢？今天我们就从最简单的匀速圆周运动开始研究。

我们先来看一个实验。这是老师的自制教具，是一个近似光滑的竖直环形挡板。我让小球在近似光滑的水平面上沿着挡板做匀速圆周运动。请大家对小球进行受力分析。小球受哪些力呢？来，你回答一下。

（同学可能回答：重力，支持力，弹力。）

很好，请坐。其中竖直方向上的重力和支持力是一对平衡力，作用效果相互抵消。

那么小球真的有受到挡板的弹力吗？弹力是由于挡板的形变产生的，那么形变你们看得到吗？

</td>
<td>

【强化技能】虽然几位学生都没有成功，但教师运用语言强化技能，对学生的行为给予肯定，可以很好地保护他们探索的热情。

【演示技能】教师演示如何用玻璃杯搬运乒乓球跨越障碍物。与学生失败的尝试形成对比，激发学生学习的积极性。

【变化技能】利用变化技能，充分利用多种传输通道传递信息，尽可能地调动学生的不同感官，有效地、全面地向学生传递教学信息。在良好的气氛中，根据教学过程中不同的教学内容和阶段教学目标，变化教学方式，能使学生更好地进行自主、合作、探究学习，提高教学效率。

</td>
</tr>
</table>

续表

时间	教学过程	技能分析
	（生：看不到。） 　那好，我们再来看一个实验。 　同学们注意了，挡板的这个部分是可以打开也可以合上的。当小球运动到缺口处时，我将挡板打开，此时小球跟挡板没有接触，肯定没有受到弹力，那它还能做圆周运动吗？现在我们用沾有墨水的小球来做实验，就可在白纸上留下运动轨迹。 　大家看，打开挡板后，小球不再做圆周运动了，而是沿切线方向做直线运动。可见，做圆周运动的小球确实有受到挡板对它的弹力，说明小球确实挤压了挡板。小球会挤压挡板，说明做圆周运动的小球有远离圆心的运动趋势。 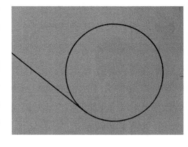 　那弹力的方向呢？请这位同学回答！ 　（同学可能回答：指向圆心。） 　很好，请坐。弹力方向要与接触面垂直，也就是要与挡板的切面垂直，所以弹力的方向就像这位同学说的是沿着半径指向圆心。小球在运动的每一瞬间，由于惯性，都有沿切线运动出去的趋势，这是因为弹力把小球拉到圆周上，使小球做圆周运动。 　是不是只有弹力能使物体做圆周运动呢？ 　我们再来看一个实验。这是一个蒙有毛巾的转盘，毛巾上放一个木块，现在我让木块随着转盘近似做匀速圆周运动。请大家对木块进行受力分析。木块受到哪些力呢？来，你回答一下！  　（同学可能回答：摩擦力。） 　那是滑动摩擦力还是静摩擦力呢？ 　对了，是静摩擦力，请坐。其中重力和支持力是一对平衡力，作用效果相互抵消。那静摩擦力的方向呢？来，你回答一下！ 　（同学可能回答：指向圆心。） 　很好！那能说出为什么是指向圆心吗？好，请坐，有补充的同学吗？	【演示技能】教师用边讲边演示的方法，详细向学生演示即将操作的实验，帮助学生明确演示的目的、观察的要点，以及现象说明的结论等。 通过教师演示，学生对圆周运动物体所需要的"弹力"有一个非常清晰的认识，为后面"向心力来源"的教学奠定基础。 【语言技能】教师利用科学、规范的语言，分析圆周运动小球在撤离挡板后的运动状态和原因，教给学生用物理语言解释和描述自然现象的方法。 【变化技能】仅靠一个演示和现象分析往往不能得到令人信服的结论。教师通过语言转折，非常流畅地变化进入下一个现象演示。 【提问技能】在前一个演示的分析讨论中，学生基本知道了分析的方法和思路。这里教师提问"木块受到哪些力？"符合学生的认知，通过后续的引导，学生能够得到"指向圆心"的答案，甚至可以得到"力的方向始终变化"的观点。

续表

时间	教学过程	技能分析
	老师提示一下。首先，我们学过静摩擦力的方向与运动趋势相反，又从上面的实验得到启发，做圆周运动的物体有远离圆心的运动趋势，所以静摩擦力的方向与这个运动趋势相反，总是沿着半径指向圆心。正是这个静摩擦力使木块做圆周运动。 那刚才的实验中，是什么力使乒乓球做圆周运动呢？我们来对乒乓球进行受力分析。大家说，乒乓球受哪些力呢？ （重力和玻璃杯对它的支持力。） 那是什么力使乒乓球做圆周运动呢？	【提问技能】原有的矛盾解决后，新的矛盾又产生了，一环紧扣一环，一连串由简单到复杂、由低级到高级的问题，能够激发学生的思维，激励学生向较高的目标奋进。
	很好，是支持力的水平分力。还有没有不同看法？这个分力我们也可以看成重力与支持力的合力，方向总是沿半径指向圆心，正是这个力使乒乓球做圆周运动。那现在同学们能解释为什么快速做圆周运动的乒乓球不会掉下来了吗？因为重力被支持力的竖直分力抵消了，所以就不会掉下来了。 现在同学们讨论一下，前面实验中小球、木块、乒乓球，它们的运动状态有什么共同点呢？ （都做圆周运动。） （都受到指向圆心的力的作用。） 很好，我们把这样的力就叫作向心力。哪位同学能试着给向心力下个定义？ 来，大声点，让同学们都听到。很好，大概意思都讲到了。请坐！老师来总结一下：做圆周运动的物体受到一个始终指向圆心的力的作用，这个力叫向心力。那向心力是由什么力提供的呢？	【强化技能】学生积极参与课堂教学活动、积极思考等行为得到了教师、同学的肯定，学生也从学习中得到收获，自己的努力得到肯定。这激发了学生进一步学习的愿望，对课堂教学充满期待，积极调动情绪和思维关注教学活动。
	第一个例子中是弹力，第二个例子中是静摩擦力，第三个例子中是重力和支持力的合力或者说是支持力的水平分力。还有，我们以后学习的其他性质的力，比如万有引力、电场力、磁场力也能使物体做圆周运动。可见，向心力是可以由这么多不同性质的力提供的，我们不能说向心力就是弹力，就是静摩擦力，它是按效果来命名的，所以向心力是一种等效力。	【多媒体辅助技能】教师借助多媒体课件，将三个实验的内容和特点归纳呈现，为学生总结整理向心力的来源和特点提供有效帮助。

课例 3-2："滑轮及其应用"教案

姓名		指导教师	
片段题目	滑轮及其应用	重点展示技能类型	演示技能
教学目标	1. 知道滑轮是杠杆的变形。 2. 知道滑轮的构成和特点。		

续表

教学过程		
时间	教学过程	技能分析

同学们，前面我们学习了杠杆。现在老师要利用这根等臂杠杆将水桶从深井中提出。老师在杠杆的一端施加一个向下的动力，发现杠杆已碰地，水桶还没到达井口。怎么办呢？

（学生尝试回答。）

这位同学说得很好，如果杠杆能继续转动就行了。现在老师将杠杆向上移动，它就能继续转动，大家看，水桶被提出来了。

如果我们让杠杆连续转动，大家想象一下，会出现什么情景呢？我们看到，它形成了一个圆。

现在老师把杠杆改装成圆形的，这样它转动起来就更方便了，这样的装置叫作滑轮。滑轮实际上就是杠杆的变形。今天我们就来学习一下滑轮。

请大家认真观察桌面上的两个滑轮：它们由哪些部分组成呢？大家一起说说看。

对了，它们都由轮、轴、框、钩四个部分组成。

像这样能够绕轴转动的，边缘有槽的轮子叫作滑轮。

现在老师要利用其中一个滑轮将重物举高：

1. 把滑轮挂在铁架台上。
2. 在绳子的一端挂上重物。
3. 将绳子从上方绕过滑轮。
4. 在绳子的另一端施加一个向下的拉力。

重物就被举高了。

大家能不能用另一个滑轮，想出不同的方法，也把重物举高呢？好，这位同学做出来了：

1. 将绳子的一端固定在铁架台上。
2. 把重物挂在滑轮下方。
3. 将绳子从滑轮下方穿过。
4. 在绳子的另一端施加一个向上的拉力。

就可以了。

现在，老师利用这两种方法同时将重物举高，请大家认真观察，这两个滑轮工作过程中有什么不同呢？同学们说了，**右边的会动，左边的不会动。**

老师在**左边的滑轮**上贴一个小圆点，大家看，这个轮子也在转动。那是什么不动呢？是轴不动。那另一个滑轮呢？它的轴会随着物体的运动而运动。

我们把在工作过程中轴固定不动的滑轮叫定滑轮，把轴随物体一起运动的滑轮叫动滑轮。可见，定滑轮和动滑轮的区别不是构造不同，也不是一个会动一个不会动，而是在工作过程中，轴会不会随物体一起运动。

【演示技能】教师借助自制教具，演示杠杆提水，发现无法将水提出井口。所演示的情境符合学生认知，能够帮助学生抓住重点：是杠杆的一端已经碰到地面，造成无法继续转动。这为后续得到"继续转动"的答案提供重要提示，能够帮助教师顺利实施教学。

【演示技能】通过自制教具灵活的演示，为学生提供丰富的直观感性材料，有利于突破难点和重点，帮助学生认识"滑轮是杠杆的变形"。

【演示技能】教师边讲解边演示滑轮的组装，一方面帮助学生熟悉滑轮，另一方面向学生介绍滑轮的组装方式，为后续更多滑轮组装方式奠定基础。

【演示技能】在演示过程中发现"关键不变量"，帮助学生理解"动滑轮"的含义。

【强化技能】教师作为学习的信息传播者、组织者、管理者和参与者，对学生的积极态度和行为做出评价和反馈回应，调动学习积极性，强化积极参与教学的各种反应。这样能使教学系统各要素更加开放，提高教学效率。

课例 3-3: "光的折射"教案

姓名		指导教师	
片段题目	光的折射	重点展示技能类型	演示技能 提问技能
教学目标	知道光的折射现象。		

教学过程		
时间	教学过程	技能分析

	首先老师先演示两个实验，请同学们观察。第一个，大家看老师手上有支筷子，将筷子斜插入水中，大家观察有什么现象。
	  我们可以看到，在空气和水的分界面上，筷子是不是看起来像折断了一样？是不是觉得有点小神奇啊？
	  演示实验1：将筷子插入水中。
	  好，我们来做第二个实验，观察这是一个碗，有一个硬币。下面还要请一个同学帮忙，我们共同来完成这个有趣的实验。哪位同学愿意呢？
	  我先简单地讲讲这个操作。我把这个硬币放在碗的正中央，这位同学向后退，直到观察不到这硬币为止，然后我向这个碗里面加水，让这位同学观察。在逐渐加水的过程中，会有怎样的现象呢？
	  演示实验2：（对帮忙的同学说）①你就自己调整刚好看不见硬币为止的位置。②逐渐加水，有什么现象？③好，请回到座位。
	  （对全班同学说）我在加水的过程中为防止这个硬币被冲走，用筷子把它按住。好，我现在向里面逐渐加水，请这位同学观察。
	  加水后，又重新看见了硬币，是不是很神奇呀？大家如果感兴趣，可以在课后亲自动手做这个实验。
	  请同学们看屏幕，可能刚才看这个筷子被折断的实验不是很清楚，大家看，没有放水的时候，这支筷子是直的。加水后，看这支筷子是不是断了。筷子真的断了吗？肯定是没有的，那么为什么会看起来像断了一样呢？大家思考一下。
	  接下来，一起来看个漫画。有一天，汤姆感觉天气很热，想在这个地方洗澡，这水看起来不深，幻想洗澡一定很舒服，结果下水之后就喊救命。这说明眼睛看到的和实际的深浅是不一样的，有什么差异？看起来浅，但是实际却很深。
	  好，我们一起看这幅图。这幅图是海市蜃楼，宽广的海平面上出现这些虚幻的大楼，海平面上有没有可能有这些大楼呀？没有，但这个看起来又是什么原因呢？
	  刚才演示的实验和屏幕上展示的图片，大家能用我们之前所学的光的反射来解释吗？那么它是怎样的光学现象呢？又要用怎样的光学知识来加以解释呢？让我们一起走进今天的课堂——光的折射。
		【演示技能】边示范边讲解，组织学生实验感受，引导学生对实验效果的关注。
		
		【提问技能】边演示边提问，引导学生思考教师演示的内容，同时思考问题。教师可以了解学生的认知状态，诊断阻碍学生思考的困难所在，并通过提问给予恰当的指导。同时还可以直接及时得到自己教学的反馈，发现教学中的问题，及时修改教学方法，调整教学内容，不断调控教学程序。

课例3-4："牛顿第一定律"教案

姓名		指导教师	
片段题目	牛顿第一定律	重点展示技能类型	演示技能 提问技能
教学目标			

教学目标：
1. 了解亚里士多德和伽利略的观点。
2. 知道物体运动状态不需要力来维持。
3. 知道力是改变物体运动状态的原因。

教学过程

时间	教学过程	技能分析
	同学们，亚里士多德根据生活经验提出：物体运动需要力来维持，运动的物体停止运动是因为不受力的作用。而伽利略通过理想斜面实验提出：运动不需要力来维持，运动的物体停止运动是受到阻力的作用。到底谁对谁错呢？ 我们通过实验进行探究。 每张桌面上都有一辆小车，大家将小车轮子朝上，用力碰一下小车并马上撤离。请大家注意观察，手离开后小车的运动情况。 我们发现用手碰一下小车，它就从静止开始运动。手离开后，小车没有马上停下，而是滑了一段位移后才停下。 当手离开小车后，手对小车没有推力的作用，小车也能运动。可见，物体的运动不需要力来维持。 那么，小车为什么会停下来呢？ （很好！）是由于受到摩擦阻力的作用。 这就说明运动的物体停下来，不是因为不受力，而是因为受到摩擦阻力的作用，初步看出伽利略的观点是正确的。 接下来，我们再将小车轮子朝下，用几乎相同的力碰一下小车并马上撤离。请大家再仔细观察小车的运动情况。 我们发现，手离开车后，小车还会运动，最后也会停下来，但是位移比上一次更大了。 轮子朝下时，摩擦力更大还是更小呢？ （更小了。） 这说明摩擦力越小，小车通过的位移越大。 如果摩擦力非常小，又将如何呢？ （位移非常大）。 如果摩擦力小到等于零的话，大家推理一下，小车通过的位移就应该是…… （无穷大。） 但是要使摩擦力等于零是无法做到的，那么如何解决这个问题呢？（停顿）	【语言技能】教师通过丰富、生动的故事，介绍本节课研究的问题，有效地刺激学生，并将他们带入故事情境中。 【演示技能】边讲解边演示，帮助学生明确教师讲解的问题。教师演示的过程是培养学生掌握正确的操作技术和观察方法的过程，也是培养学生的观察能力和实验能力的过程。 【提问技能】在以下的教学过程中，教师通过提出一个个由浅入深的问题，解决一个个矛盾，可以帮助学生逐步认识事物的本质，获得新的知识。一连串由简单到复杂、由低级到高级的问题，能够激发学生的思维，激励学生向较高的目标奋进。

主题帮助二、课堂导入的七种"武器"

根据物理学科特点，归纳出如下导入方式。

1. 以提出新奇、有趣的问题为起始

提问是最广泛、最经常采用的一种教学手段。提问必须科学、有趣味、有意义。提问除了具有巩固知识、信息反馈的作用之外，还要有启发、引趣的作用。

2. 以生动形象的叙述为起始

生动形象的语言可以唤醒学生的注意。如果在生动形象的叙述中再设计出科学的、合理的、恰如其分的、带有情趣的细节描述，那么这种语言的效果更突出，尤其是作为一节课的"开场白"。

3. 以引人入胜的多媒体为起始

目前，许多课采用电影视频片段、动画等多媒体辅助手段。如果在课的起始就能将课的内容与有关电影、动画情节相结合，对学生学习兴趣的产生无疑是相当重要的。

4. 以新颖的实验为起始

有时，课的起始采用了实验方式。教师根据教材内容的要求，通过演示操作，先将实验的过程、产生的现象展示在学生面前，然后按照这条线索使学生思考、研究、讨论，最后得出结论。

5. 以学生实际操作为起始

在正常教学中，学生课堂实际操作的机会不多。如果课的内容允许，而且又经过教师的精心设计、学生的充分准备，让学生亲自动手操作，这样的起始更能引起学生的兴趣，因为它克服了以往的起始模式，给学生形成了崭新的刺激。

6. 以发散思维训练为起始

在以往教学中，课起始时的提问、练习训练是司空见惯的，但内容却是乏味的重复，因此通常不能激发学生的学习兴趣。如果采用求异思维训练（如一题多解、一题多变、创造性思维训练等），学生出于好奇心、好胜心、强烈的求知欲望，就会专心致志，积极思考，兴趣盎然。

7. 以学生热烈讨论为起始

有些课是以学生自学、讨论（包括小组讨论）等形式为起始。这样的课有利于培养学生的自学能力，调动学生的积极性。当然，这里的自学或讨论不是自由放任或徒有形式，而是要充分发挥教师的主导作用，以恰当的、能引起学生注意的自学提纲、讨论提纲为主线。

主题帮助三、导入设计的注意事项

导入在整个教学中是一个重要的环节，它直接影响学生学习的情绪和效果。在设计导入时要注意以下几个问题。

1. 导入要有针对性

物理教师设计导入一定要与教材内容和学生的特点相适应，要根据教学内容而不能脱离教学内容。所设计的导入方法要具体、简捷，尽可能用少量的语言说明课题要学习的内容、意义和要求。一开始就把学生的思路带入一个新的知识情境中，让学生对要学习的新内容产生认识上的需要。导入只是一个开头，从课堂结构的角度来看，它的作用是为教学打开思路。如果脱离课堂整体，即使是再精彩的导入也失去它应有的作用，是不可取的。

2. 导入要有启发性

导入对学生接受新内容具有启发性，使学生实现知识的迁移。通过浅显而简明的事例，学生得到启发。富有启发性的导入能引导学生发现问题，激发学生解决问题的强烈愿望，调动学生思维活动的积极性，促使他们更好地理解教材。启发性的关键在于启发学生的思维活动，而思维活动往往是从问题开始的，又深入问题之中，它始终与问题紧密联系。学生有了问题就要去思考、去解决，这为学生顺利地理解学习内容创造了前提条件。

3. 导入要有趣味性

设计导入要做到引人入胜，使教材内容以新鲜活泼的面貌出现在学生面前。这样能最大限度地引起学生的兴趣，激发他们的学习积极性，有利于引导和促进学生接受教材，防止学生产生厌倦心理。

4. 导入要考虑语言的艺术性

要想使新课的开始扣动学生的心弦，激起学生思维的浪花，像磁铁一样把学生牢牢地吸引住，就需要教师讲究导入的语言艺术。考虑语言艺术的前提是语言的准确性、科学性和思想性，同时还要考虑可接受性，不能单纯地为生动而生动。因此，设计导入要根据导入方法的不同，考虑采用不同的语言艺术。

 主题帮助四、导入教学应避免的问题

1. 方法单调，枯燥无味

有的教师在导入新课时，不能灵活多变地运用各种导入方法，总是用固定的、单一的方法行事，使学生感到枯燥、呆板，激发不起学习的兴趣。出现这个问题的主要原因是：有的对导入新课的重要性重视不够，因此在备课时没有下工夫准备；有的是手头缺乏资料，苦于找不到方法和材料。

2. 洋洋万言，喧宾夺主

新课导入时不能信口开河，夸夸其谈，占用大量的时间，以致冲击了正课的讲述。新课导入只能起到"引子"的作用，起到激发兴趣、提出问题、导入正课的作用，就像火车头起到牵引多节车厢的作用一样。如果一个火车头只牵引一两节车厢，那就毫无价值了。新课的导入也是同理，占用时间过长，就会喧宾夺主，影响正课的讲解。因此，在导入时一定要合理取材，控制时间，恰到好处，适可而止。

3. 离题万里，弄巧成拙

导入新课时所选用的材料必须紧密配合所要讲述的课题，不能脱离正课主题，更不能与正课有矛盾或冲突。例如，某教师在讲"波的传播"时讲到有一次发大水，水势如何凶猛，冲垮了房屋、桥梁，淹死了多少人等，这样的水流根本不是"波"，而且给学生造成了"波的传播就是介质中质点在向前运动"的错误认识。这样的导入不但没有起到帮助学生理解新知识的作用，反而干扰了学生对新授课的理解，给学生的学习造成了障碍。

4. 缺乏准备，演示失误

各种导入新课的方法都应在课前做好充分的准备。特别是通过实验或游戏的方法导入新课，若准备不充分，导致在课堂上演示失败，或出现相反的效果，都是对正课的教学有弊无利的。例如，有的教师在做电学实验时，低压电源调压旋钮转向搞错，导致电压升高烧毁了电表；有的教师在做摩擦起电实验时，由于室内及仪器湿度太大而不起电；有的教师在用感应线圈做实验时，不慎自己遭电击等。总之，由于准备不足或操作不当致使演示失败造成笑话的例子很多。因此，用实验方法导入时必须十分谨慎，在备课时要做充分的准备，在确保成功的前提下才能到课堂上做。

100′ 行动六、评价提高

在各行动过程中，涉及多次的评价和反思。教学导入微格训练中，小组可以参考表 3-3 的评价项目，在各行动环节中对学员进行评价，学员也可根据该表进行自我评价和反思。

表 3-3　教学导入微格训练评价记录表

讲课人姓名		学号		日期	
教学内容					
项目及分值	教学技能与评价标准			得分	备注
教学设计（20分）	教学目标恰当，教学方法使用合理，教学内容正确，教学过程体现了如何突出重点、突破难点。导入合理有效，教学过程的设计有一定个人见解和创新。				
教学语言（20分）	科学术语准确，普通话标准、简洁、流畅，音量、语速、节奏适当，无口头禅；语调有变化，语言有感染力；讲解能抓住关键，条理清楚，逻辑性强，讲解注意促使学生参与。				

续表

项目及分值	教学技能与评价标准	得分	备注
提问技能（15 分）	问题的设计符合教学内容，目的明确，启发学生思维；问题陈述准确、清楚，并能引导启发学生回答。		
演示技能（15 分）	演示过程设计科学合理，能启发思维；演示注重教给学生观察的方法和实验的方法；实验操作规范，步骤清楚，示范性好；演示准备充分，实验现象明显。		
变化技能和多媒体辅助技能（10 分）	能根据教学情况灵活、合理地变化教态、媒体、节奏、师生相互作用的方式；师生情感交流一致，各种媒体应用合理娴熟、变化自然。		
强化技能与组织管理技能（10 分）	教师的组织和管理使课堂各项教学活动紧紧围绕教学目标；能通过恰当的语言、动作等强化学生学习动机；适当组织学生听课、讨论、实验等。		
板书技能（10 分）	板书板画与讲解配合，时间先后合理；文字与图表规范、工整，书写速度恰当；板书安排合理，直观形象，具有启发性。		
总得分			

点评教师签字：

第四章 物理教学讲解微格训练

课堂教学过程即讲解的过程，是教师利用语言、实验等道具讲解问题、启发思考的过程。当今各种现代化教学手段在教学中广泛应用，但无论其手段多么科学、先进，都无法取代教师面对面的讲解。

第一节 物理教学讲解概述

讲解是教师运用有声语言向学生传达信息的教学形式。讲解技能是指教师在课堂中运用语言、体态及各种教学媒体，引导学生对教学内容进行分析、综合、抽象、概括，进而向学生传授知识和方法、启发思维、表达思想情感的一种教学行为。其目的在于使学生从感性认识上升到理性认识，把握知识结构的内在联系与规律。讲解技能在行为方式上的特点是以语言为主，在教学功能上的特点是传授知识和方法、启发思维、表达思想情感。

讲解技能有两个特点：第一，讲解的主要媒体是教学语言，但教学语言又只是讲解技能的一个条件，并不等同于讲解。讲解技能更注重组织结构和表达程序，同样的内容，不同教师运用不同的语言技巧、不同的组织结构和表达程序进行讲解，往往会收到不同的效果。有的教师三言两语就能切中要害，使学生茅塞顿开；有的教师词不达意、语义模糊，反而使学生混沌茫然；有的教师布下疑阵，环环紧扣、步步深入、逼近主题，使学生心领神会、趣味盎然；有的教师思路紊乱，结构松散、颠三倒四、无章可循，使学生厌倦心烦、索然无趣。可见，在讲解中，教学语言的组织和表达是极为重要的。第二，信息传输方向是单一的，是由教师传向学生。

讲解技能的这两个特点决定了它在实际应用中所具有的优势：一是教师在运用讲解技能时不受环境、条件、设备的限制。二是省时、高效，教师可以在有限的时间内将精心组织的高密度的知识信息传递给学生，使学生获得较多的知识，并根据学生提出的问题，引导学生寻求解决问题的方法和途径。这样能减少学生认知中的盲目性，从而避免学生在学习中走弯路，充分发挥教师的主导作用。三是教师可以挖掘教材的思想性，向学生进行德育渗透。四是教师能有效地控制所要传授的知识内容，控制课堂进程，掌握教学进度。

讲解技能也有其不足之处。从学生的角度来说，它是一种接受性的学习方法，学生处于被动地位。学生把教师讲授的知识经过整理储存到头脑中，对所学的内容没有充分的机会做出及时反馈，因此不易发挥学生学习的主动性，对学生创造能力的培养和发展是有限的。另外，长时间的单纯讲解，学生信息保持率不高。据美国约瑟夫和特雷纳曼研究测试，讲解15分钟，学生只记住41%；讲解30分钟，只记住前15分钟内容的23%；讲解40分钟，则只记住了20%。特别是小学生，长时间处于听讲的被动地位，很难保持持久的注意力。

值得指出的是，讲解并不等于讲授式教学法，这是两个不同的概念。讲授式教学法是指在课堂教学中，主要以教师讲、学生听的方式传授知识。目前，在我国的中小学课堂教学中，教师一堂课讲到底的情况并不多见，而是既有讲解，又有实验演示、提问和学生发现的活动。

因此，在课堂教学活动中单纯强调讲授法是片面的。讲解也是以教师讲、学生听的方式传授知识，但这针对的是课堂教学中的某一具体活动，如某个物理概念的讲解，而不是完整的课堂。

一、教学讲解的作用

讲解技能是课堂教学中基本的教学技能。它适应性强、灵活性大，能在各种条件下进行，根据学生的反应可随时调整教学进度，变换讲解方式，吸引学生的注意。因此，在各种课堂类型的教学结构中，它都占有相当大的比重。在教学中恰当地应用讲解技能可实现以下功能。

1. 有利于系统地讲授

当学生遇到自己经验之外的事情，或与原有经验不能建立联系的事情时，就需要讲解。教学中学生一般不能自动地运用原有知识去理解和掌握新知识，还需要教师的帮助和指导。在涉及新的教学内容时采用讲解的方式，容易给学生留下完整的、正确的第一印象，也有利于使学生明确新旧知识之间的联系。

2. 有利于展示思路

在教学中，教师讲课严密的逻辑、清晰的层次、准确的推理、透彻的分析和综合，不仅使学生学会认识问题的思路和方法，还能使学生明白分析问题、解决问题的思维过程和科学方法，懂得事物、事理的来龙去脉。

3. 有利于突破重点、难点

教学重点是课堂教学的精要部分，难点是学生学习感到困难的地方，重点、难点的处理是课堂教学的关键。然而，实际教学中学生往往不清楚什么是重点，什么是关键。因此，教师在讲解的过程中不失时机地强调重点、着意雕琢、科学引导，能集中学生的注意力，给学生以深刻的印象，继而清晰、牢固地掌握；教师设计巧妙的情境，针对难点进行精练生动的讲解，往往能使学生茅塞顿开。

4. 有利于提高课堂效率

讲解的内容经过教师的深刻理解、系统整理、去粗取精、提炼升华，变成适合学生接受的内容。讲解时，教师抓住重点、难点，不蔓不枝，把自己思考的过程和结果有序地展示出来，因而能较迅速、较准确且密度较高地向学生传授知识，使学生少走弯路，事半功倍。

5. 有利于激发学习兴趣

教师讲课不能照本宣科，而是用生动、形象、精练的语言和有趣的、典型的例子去解释和叙述。语调抑扬顿挫、表情自然亲切的讲解会把学生带入学习的情境，可以把枯燥的情节讲得出神入化。这样的讲解能唤起学生对所学知识的浓厚兴趣，激发他们学习的主动性，实现"乐学"。

6. 有利于把握课堂节奏

用讲解的方式教学，教师有较多的主动权、控制权，可以根据学生接受知识的情况和知识的难易程度调节讲解的步调和节奏，使教学疏密有致，符合学生的学习需要。

7. 有利于进行思想教育

教师在讲解的过程中，自然而良好的情感流露，如深刻的爱与憎、激愤与愁肠、兴趣与豪情，都会潜移默化地感染学生，在"润物细无声"中产生良好的教育作用。

讲解是一种教学行为方式，其特点在于：①对知识的剖析；②组织知识内容和表达程序；③说明或引导学生分析新旧知识之间的关系，建立新知识与原有知识间的联系，以及分析新知识中各要素之间的关系；④启发学生形成新的认知结构体系，帮助学生掌握实质和规律。

二、教学讲解的类型

根据讲解的内容需要的不同，物理课堂教学中的讲解主要可分为介绍式讲解、描述式讲解、解释式讲解、比较式讲解、归纳式讲解、演绎式讲解、释疑式讲解、总结式讲解等类型。每种讲解类型都具有其特性，都具有不同的思维方式、语言的组织和内在的逻辑特点。

1. 介绍式讲解

教材编写的内容不可能包罗万象，只是按学科规律、大纲要求将主要教学内容和训练要点进行简要说明。介绍式讲解则可以补充资料，介绍相关的人物、事物、事件、事理等。教师在教学中生动形象地向学生介绍与教学内容相关的知识，不仅有利于学生学习物理知识，给学生以更丰富、更深刻的感受和影响，而且有利于提高学生的人文修养。

案例 4-1：自由落体运动（亚里士多德的观点）

讲解自由落体运动时，向学生介绍亚里士多德对自由落体运动的看法：

我们通常有这样的生活经验，重的物体比轻的物体下落得快，如石头下落比树叶快、树叶比羽毛下落快……其实早在古希腊时期，哲人亚里士多德就通过观察生活中的这些现象，总结出物体下落的快慢与物体的质量有关，重物比轻物先落地。这种对生活现象的观察和分析被人们普遍认可。在此后近 1900 年，很少有人怀疑亚里士多德的结论。直到 16 世纪末，伽利略对其提出了疑问。

2. 描述式讲解

描述式讲解是指对形象、具体的客观事物及其变化过程进行生动的表述。描述式讲解可以为学生提供大量丰富的感性材料，因而有利于学生的感知和对事物的理解，有利于学生形象思维能力的培养。描述的对象可以是人，也可以是事物。描述的内容是人、事物的发生、发展、变化过程或者形象、结构、要素。

案例 4-2：自由落体运动（伽利略的观点）

讲解自由落体运动时，向学生描述伽利略反驳的思路：

伽利略提出一个假设：如果重的物体 A 比轻的物体 B 下落快，把 A 和 B 拴在一起（可看成物体 C）下落，三种下落情况将会如何呢？

按照亚里士多德的观点，C 物体的质量更大，下落应该更快。但是，重物 A 会被轻物 B

拖着而减慢，轻物 B 则会被重物 A 拖着而加快。就好像大人拉着小孩跑步，大人会被小孩拖慢。A、B 拴在一起下落应该比 A 慢、比 B 快！

伽利略认为，从同一个前提假设出发，得到两个相互矛盾的结论，只能认为这个假设是错误的。同学们认为呢？大家有没有什么办法可以检验呢？

3. 解释式讲解

解释式讲解是指教师从学生已有知识出发，通过说明讲解的方式将未知和已知联系起来，引导学生用已有知识分析说明未知事物及其变化，促使学生认识、理解未知事物及其变化。

物理教学中有许多概念、术语，它们往往成为学生理解和运用的要点、难点，这就要揭示它们的内涵。忽视它们，教学效果将大打折扣。因此，解释式讲解是一种常用的、简单而又不可缺少的讲解方式，通常与例证配合进行。

案例 4-3：牛顿第一定律

在牛顿第一定律的教学中，教师要求学生解释生活中的惯性现象：正常行驶的汽车突然刹车时，人往前倾的原因。

人原来和汽车一起处于高速前进运动状态，当汽车突然刹车时速度快速减小，而人由于惯性，将保持原来的向前的运动状态，所以人会向前倾倒。因此，大家在乘坐汽车时要系好安全带。

解释式讲解使学生对所学的概念、知识、技能和方法获得较透彻的理解。但是，教师要注意从学生已有知识出发，引导学生进行新旧知识的有机联系，紧扣主题、说理充分、解释清楚。解释式讲解一般适用于初级的、具体的、事实性的知识，适用于简单的概念；对于高级的、抽象的、复杂的知识，单用解释式讲解难以收到好的效果，应辅以其他的教学方式。

4. 比较式讲解

比较式讲解是指把两种或两种以上的事物、现象联系起来，辨别其共同点和不同点。乌申斯基说过："我们认识世界上一切事物，不外乎是借助比较方法，我们想象某种新的对象时，如果不拿它来与什么东西比较，也不能找出与什么东西的区别——比较方法在讲授中必然是一个基本方式。"通过比较可以提高学生的识别力、理解力、观察力和概括能力。

案例 4-4：牛顿第三定律

教师在辨析平衡力和相互作用力时，可以用比较式讲解。

比较内容	平衡力	相互作用力	举例——悬挂在天花板上的吊灯
力的性质	力的性质不一定相同。	一定是同一性质的力。	绳对灯的拉力与灯对绳的拉力从性质上看均为弹力。 绳对灯的拉力与地球对灯的重力是一对平衡力，但拉力属于弹力，重力则属于引力，它们性质不同。

续表

比较内容	平衡力	相互作用力	举例——悬挂在天花板上的吊灯
力的作用点	作用在同一个物体上。	分别作用在两个不同的物体上。	绳对灯的拉力与灯对绳的拉力是一对相互作用力，前者的作用点在灯上，而后者的作用点在绳上。 绳对灯的拉力与地球对灯的重力是一对平衡力，它们的作用点都在灯上。
产生的效果	作用在同一个物体上，产生的效果互相抵消。	作用在不同物体上，产生的效果不能互相抵消。	灯对绳的拉力使绳被拉长，而绳对灯的拉力使灯不下落，这两个效果不能互相抵消。 绳对灯的拉力与地球对灯的重力是一对平衡力，它们的效果互相抵消，使灯保持静止状态。
与时间的关系	没有这种瞬时对应关系。	同时产生同时消失，具有瞬时对应关系。	如果绳子断裂，则灯对绳的拉力与绳对灯的拉力同时消失。 如果绳子断裂，绳对灯的拉力消失，但灯的重力仍然存在。
涉及的物体个数	涉及三个物体，其中的两个物体对另一物体施力。	只涉及发生相互作用的两个物体。	灯对绳的拉力与绳对灯的拉力都只涉及两个物体：灯和绳。 绳对灯的拉力与地球对灯的重力涉及三个物体：地球、绳和灯。
合力	合力为零。	相互作用力作用在不同物体上，不能合成。	
做功	二力做的功大小相同，效果相反（一正一负），互相抵消，即合力做的功为零。	要按每个力的实际情况来计算所做的功，它们各自做的功不一定相等。	

5. 归纳式讲解

归纳式讲解是指引导学生通过对个别具体物质及其变化等事实材料进行分析、比较、归纳，概括出共同本质或一般规律、原理的讲解。归纳式讲解要注意引导学生首先对具体事物进行比较，然后从具体到抽象，从特殊到一般地进行归纳。归纳式讲解可培养学生的归纳综合能力，帮助学生掌握概念和规律性知识，提高学生的认识水平和知识的保持率。

案例 4-5：声音的大小

教师归纳总结声音的强度与距离的关系。

由这些实验现象我们总结得出：声音的响度与发声物体振动的幅度有关。老师用力敲击鼓膜，鼓膜振动幅度越大，响度越大。响度还和什么有关啊？老师站在这里讲话，如果老师用同样大的声音讲话，坐在第一排的同学和坐在最后一排的同学听到的声音的大小是不是不一样呀? 坐在第一排的同学听到的声音响度比较大, 坐在最后一排的同学听到的声音响度比较小。这说明声音的响度还与传播的路程有关, 离声源越远, 声音的响度就越小; 离声源越近, 声音的响度就越大。

6. 演绎式讲解

演绎式讲解是指引导学生通过运用一般原理、公式推论个别事物, 最后得出结论、认识具体事物的讲解。演绎式讲解要善于引导学生从抽象到具体、从一般到特殊进行思维。要注意从学生的知识基础、年龄特征、个性、心理特点出发, 考虑学生的可接受性。

案例 4-6: 功

在高中物理"机械功"的教学中, 教师从功的定义出发, 演绎出正、负功的概念:

根据功的一般公式 $W = Fs \cos \alpha$, 力 F 和位移 s 的夹角 α 可以从 $0°$ 变化到 $180°$ 。

若 $0° \leqslant \alpha < 90°$, 则 $0 < W \leqslant Fs$, 力做正功。

若 $\alpha = 90°$, 则 $W = 0$, 力不做功。

若 $90° < \alpha \leqslant 180°$, 则 $-Fs \leqslant W < 0$, 力做负功。

7. 释疑式讲解

释疑式讲解是指教师先提出探究性问题或假设, 利用学生的好奇心, 激发学生学习兴趣和思维积极性, 然后引导学生通过实验事实, 或运用已有知识, 对问题进行分析、抽象或验证取舍, 最后综合、概括, 引导学生得出结论。释疑式讲解首先由事实材料引出问题, 也可直接提出问题, 再分析条件, 推理论证, 最后得出结论。问题在先、结论在后, 有利于集中学生注意力, 培养学生思维能力, 提高课堂效率。

案例 4-7: 声音的产生

"声音的产生"教学中, 教师可用以下思路向学生解释声音是由振动产生的。

教师敲击音叉, 音叉发出了声音。引导学生观察音叉是否在振动。

生: 看不到。

师: 那我们要如何知道音叉发生了振动呢?

生: 摸一下音叉。

师: 我们可以摸一下来感受音叉的振动。

(教师实验, 一位学生上台感受音叉的振动。)

师: 那现在老师想让全班同学都知道音叉发出声音的同时在振动, 可以怎么做呢?

师: 老师用一根轻绳子系一个乒乓球, 然后在音叉发出声音的时候慢慢靠近音叉, 看下乒乓球会不会弹起来就可以知道音叉有没有在振动了。

(教师演示。)

师: 我们发现, 乒乓球确实在音叉发出声音的时候被弹起来了。音叉没有发声时, 乒乓球没有弹起来; 音叉发声时, 乒乓球弹起来了。这说明声音是由物体的振动产生的。

8. 总结式讲解

总结式讲解是指在一个相对集中或相对完整的教学活动告一段落时, 把教学中规律性的结论概括出来的讲解方式。总结性讲解有利于帮助学生回顾和整理学习要点，引导他们总结规律，更好地实现知识的掌握和原理的应用，并加深印象。这是教学不可缺少的环节。

案例 4-8：声音的特性

"声音的特性"一节可以总结如下：

师：我们总结一下本节课的重点，本节课介绍了声音的三个特性——响度、音调、音色，它们分别指：声音的强弱、声音的高低、声音的特色。

（1）响度与声音振动的幅度有关，幅度越大，响度越大，响度的单位是分贝，符号是 dB。

（2）音调与声音振动的频率有关，频率越高，音调越高，频率的单位是赫兹，符号是 Hz。

（3）音色是声音的特性，它与发声物体本身的材料结构有关。

师：我们要学会怎么通过波形图来判断声音的三个特色，响度是通过纵坐标来看，音调是通过横坐标或波形的疏密来看，音色是看波形的形状种类。

师：最后我们讲了噪声的防治，我们可以从三个方面来防治噪声：从噪声的产生也就是声源处减弱噪声，从噪声的传播也就是传播过程中减弱噪声，从噪声的接收也就是人耳处减弱噪声。

师：这就是本节课的全部内容，请大家回家后先理清相关知识点再完成作业。

第二节　物理课堂教学讲解的设计与分析

一、物理课堂教学讲解技能的构成

讲解结构是指讲解内容和方式的组成及其相互联系。教师讲解的结构框架是教材的知识结构、学生的认知结构及教学方法的组织结构三者的有机结合，其中教材的知识结构是核心。教师上课时不能无序地讲授知识，要将教材的知识结构按照学生的认知规律清晰地展现出来，给学生留下深刻的印象。

在讲解技能中，讲解结构应围绕讲解主题构建，在明确讲解内容间内在联系的基础上，精心设计系列关键问题，通过这些问题激发学生求知欲，集中学生注意力，并组成清晰有序的讲解整体结构。

怎样才能清晰地建立讲解的结构框架？一般是通过提出系列化的关键问题，辅以清晰的板书，注意转承衔接及分析综合来实现。

1. 精心设计关键问题

精心设计关键问题对形成讲解的结构框架有重要作用。讲解是以提出问题、思考问题和解决问题为线索的。问题可以明确讲解的中心是什么，激发学生的认知矛盾冲突，引起学生的注意和兴趣。教师在每一个教学环节都可以提出一个关键问题让学生思考，通过问题讲解等学习活动得到解决，进一步激发学生的学习动力，然后进入下一个问题的学习。教师提出的一系列问题环环相扣，编织了讲解的结构框架。因此，讲解时提出的关键问题应该精心设计，做好充分的准备，并以此为线索展开教学。

2. 辅以清晰的板书

清晰的、结构化的板书可以强化讲解的结构框架。板书具有简明、直观的作用，能将讲解的主要内容概括地写在黑板上，并且用连线表明它们之间的联系，用彩笔加强重点，表现事物之间的各种关系。在一些关键的字、词、句下面画线或用彩色粉笔突出某些重要内容等。教师在讲解时有板书直观配合，更能突出和明确讲解的结构框架。在观看投影和视频片段的同时，教师若能结合板书，可大大增强讲解的教学效果。

3. 注意转承和衔接

清晰的讲解要求讲清各部分内容之间的联系，因此在内容转换之处一定要做好转承和衔接，这对明确讲解的结构框架很重要。

4. 分析和综合

紧密结合学生认知水平的分析和综合对于明确讲解的结构框架也有重要作用。教师对知识的分析综合是为了充实和完善学生原有的认知结构。学生的认知一般经过以下几个阶段：感知、理解和应用。

在学生认知的感知阶段，通过教师形象化的语言描述，或者结合其他教学技能，学生对有关事物和现象有一个明晰的印象，形成观念；理解阶段是在大量感知的基础上，通过分析、比较、综合、概括、想象等思维活动，学生对事物的认识不断深化，能突出事物重要的、本质的特征，比较确切地得出概括性的结论；在应用阶段，教师在综合概括全部学习内容的基础上，帮助学生灵活地分析在变换的新情境下出现的问题，提高学生分析问题、解决问题的能力。可见，讲解是一个不断分析综合的过程。教师准确、清晰的分析，适时、精辟的综合概括，可以帮助学生梳理和提炼知识结构，突出讲解的结构框架。

下面以人教版普通高中课程标准实验教科书《物理》第一册第一章第五节"速度变化快慢的描述——加速度"的课堂教学为例，具体谈谈如何构建讲解的结构框架。

案例 4-9：加速度

教学的结构框架如下：

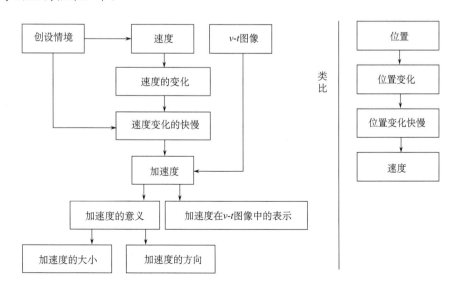

教学流程	课堂教学情况	评析
创设情境，讲解问题	情境一：播放录像，飞机起飞的同时汽车启动，观察运动的快慢。 情境二：飞机离地前和汽车加速时的具体数据，让同学们对照分析飞机和汽车的运动情况。 下表 教师让学生通过上述数据，依次得出以下结论： （1）飞机和汽车在做加速运动，火车在做减速运动。 （2）它们是均匀加速或均匀减速的。 （3）它们都做匀变速直线运动。 （4）都做匀加速运动的飞机和汽车速度变化快慢是不一样的，飞机速度变化快，汽车速度变化慢。 教师总结：物体运动时的速度变化是有快慢的。那么我们应该如何比较速度变化的快慢呢？	精心设计关键问题，激发学生兴趣。 播放视频和分析数据，让学生感知物体运动时的速度变化是有快慢的。
类比速度概念，讲解研究方法	教师引导，我们曾经研究过物体位置变化快慢，我们是如何研究的？ 相同时间比较位移，相同位移比较时间。最后得到比较单位时间位移变化的多少，即用"速度"比较物体位置变化的快慢。 我们可以借助这种方法，研究速度变化的快慢。提出研究课题： 研究1：速度变化的多少。 研究2：速度变化的快慢。	类比讲解研究的方法。
实验观察，分析体验	实验：小车从倾斜的轨道顶端由静止滑下，教师引导学生仔细观察小车的运动情况。 增大轨道倾角，重复上述实验，引导比较前后两次小车末速度大小、小车速度的增量大小、运动时间长短，并说明小车哪次速度变化快。 学生很容易得出结论：倾角越大，小车初、末速度的变化量（Δv）越大，运动时间（Δt）越短，相应地，小车的速度变化也就越快。 教师置疑：如何来描述物体的速度变化的快慢？	置疑如何描述物体的速度变化的快慢，设计的问题层层深入，环环相扣。

情境二数据表：

t /s	0	2	4	6	8	10	12	14	16	…
飞机 v/(m/s)	0	8	16	24	32	40	48	56	64	…
汽车 v/(m/s)		0	3	6	9	12	15	18	21	24	…
火车 v/(m/s)	13	12	11	10	9	8	7	6	5	…

教学流程	课堂教学情况	评析
联想类比，讲解概念	引导学生回忆速度的定义 $v=\dfrac{\Delta x}{\Delta t}$。 类比：速度是描述物体位置变化快慢的物理量。那么，我们怎样描述物体速度变化的快慢呢？教师引导学生回答用物体的速度变化量（ Δv ）与运动时间（ Δt ）的比值来描述物体速度变化的快慢。 验证假设：学生比较对照上表数据和斜面上小车的运动。各比值大小正好与物体速度变化的快慢一致。 结论：用速度变化量与运动时间的比值来描述物体速度变化的快慢，并将其定义为加速度。	先引导学生回忆速度的定义，速度是描述物体位置变化快慢的物理量，为进行类比打好基础。
加速度概念讲解	（1）定义：加速度是物体速度的变化量与发生这一变化所用时间的比值。 （2）公式： $a=\dfrac{\Delta v}{\Delta t}$ 。 （3）单位：m/s²，读作米每二次方秒。 （4）加速度是矢量。 问题：汽车甲在10s内速度由10m/s增加到20m/s，汽车乙在10s内速度由20m/s减少到10m/s，它们的加速度一样大吗？ 教师强调：在直线运动中，假设初速度方向为正方向，甲车的加速度为正值，说明汽车甲在加速，加速度方向与初速度方向一致；乙车的加速度为负值，说明汽车乙在减速，加速度方向与初速度方向相反。	引起学生思维冲突：加速度有正负，说明加速度是矢量，方向与速度的变化量的方向一致。
讲解 v-t 图像与加速度的关系	让学生回想前节课画 v-t 图像的方法：先计算纸带上各测量点的瞬时速度，然后用描点法作出图像。 演示：斜面上放一辆小车，小车上装有传感器发射器，传感器接收器固定在斜面的上端。 让小车从斜面顶端下滑，用数字化信息系统实验室（DISLab）演示加速运动的小车的图像，并求出其加速度大小。 结论：小车运动时的 v-t 图像是一条倾斜的直线。 展示 FLASH 课件，师生共同讨论通过 v-t 图像求小车加速度的方法。 教师引导学生根据图像比较两个图像的加速度大小，最后总结：图线越平坦，加速度越小；图线越陡，加速度越大。	用描点法作出图像，知道小车运动时的 v-t 图像是一条倾斜的直线。 引导学生根据图像比较图像的加速度大小，进一步加深学生对 v-t 图像的掌握程度。

教学流程	课堂教学情况	评析
尝试运用，讲解释疑	下表记录的是生活中几种交通工具运动时的数据，通过讨论判断下列几种说法是否正确，并说明原因。 表见下 得到结论： （1）速度大，加速度一定大。 （2）运动的加速度等于0，而速度却不等于0。 （3）物体的速度变化量大，而加速度可能小。 （4）加速度大，速度一定大。	与实际生活相联系，进一步区别速度、速度的变化量及速度的变化率，灵活应用所学的知识分析问题、解决问题。

运动	初速度 $v_1/(m/s)$	末速度 $v_2/(m/s)$	经过时间 $\Delta t/s$
飞机在天上飞	600	600	20
汽车启动	0	30	20
火车出站	0	30	105
自行车下坡	2	11	3

二、物理课堂教学讲解的设计与案例分析

了解了讲解技能及其作用、掌握了其要素和类型，随之而来的问题就是教师应该如何根据教学目标、任务和教材内容的特点，针对学生实际，合理、灵活地运用讲解技能，真正实现讲解技能的价值意义和作用。下面从几个方面介绍讲解技能在教学运用过程中应注意的问题。

1. 教学讲解的设计

1）充分准备，了解学生

学生分析是教学设计的基础，也是提高课堂讲解实效性的前提。教师在课前必须充分了解学生情况，如学生的年龄、性别、年级、知识水平、兴趣爱好、纪律状况等，才能有针对性地选择讲解的方式和方法，更好地调动学生学习的积极性，提高讲解的实效性。另外，分析学生特点，才能更准确地判断课堂教学的难点所在，有针对性地设计突破教学难点的讲解方案。

2）突出重点，抓住关键

教师要钻研物理课程标准、教材，找准、讲好重点。重点是讲解的核心部分，讲解时要集中时间、精力和材料解决重点问题，要讲清基本概念、基础知识、基本原理。只有围绕重点讲解，才能提高讲解效果。关键是讲授中最紧要的部分，是对学生顺利进行学习起决定作用的环节。讲解抓住了关键，其他则迎刃而解。

3）条理清楚，简练准确

讲解应根据讲解的目的和要求，有条理、有层次地进行，应根据材料的内在联系和逻辑关系，解决好讲解的主次、先后等问题，做到组织合理、逻辑严密，结构完整分明。

物理教学中，讲解枯燥、啰唆和烦琐易造成学生逆反心理，影响学习的积极性。只有用精练、简短的语言来表达教师的教学指导思想和方法要领，才能使学生正确地理解并掌握物理学的基本知识。精练的讲解可使讲解的内容重点突出、层次分明、思路清晰，提高学生的学习兴趣。

4）把握时机，注意反馈

在课堂中，教师如果不注意有效地运用时间和把握讲解的时机而盲目地讲解，就要影响学生练习的积极性和教学效果。在学生注意力集中时讲解，这是最好的时机。

在师生双边活动的教学中，教师在课上讲解的同时，要随时注意学生的反应。优秀的教师要有敏锐的眼光、丰富的经验，随时从学生的神态、表情和动作中发现学生是否注意、是否明白、是否理解、是否有疑问。根据存在的各种现象、问题和反馈的信息，及时调节讲解的内容，控制讲解速度，改变讲解的方式，以便及时改正，达到理想的教学效果。

5）讲解技能与其他教学技能配合使用

根据学生心理发展特点和信息保持规律，讲解以5～10分钟为宜，长时间的讲解容易使学生注意力不集中。为了发挥讲解的优点，弥补讲解的不足，在讲解过程中应常与其他教学技能配合使用。

讲解也常与演示、导入、提问、反馈、板书等教学技能，特别是变化、强化技能相结合，形成讲解中的技能群，以弥补其不足。在教学过程中，注意采用启发式教学，配合讲解与提问相结合的方法。在讨论和分析讲解的过程中，这些问题可集中学生注意力，激发学生积极思维，开动脑筋，活跃课堂气氛，提高学生参与意识，这是讲解技能运用上非常重要的方面。利用多媒体图片、视频和幻灯的演示，刺激学生的视觉器官，增强刺激效应，弥补讲解的不足，提高讲解技能的直观性、形象性和生动性。教师还可以用身体的姿态语、眼神、面部表情、头部动作（摆头、点头）和手势的变化以助说话，提高讲解的感染力。

2. 物理概念讲解实例分析

物理概念的讲解要遵循概念教学的基本要求。在概念教学的不同阶段，讲解要有所侧重。

首先，在概念引入阶段，教师的讲解主要是分析大量的事实，唤起学生已有的感性知识；或进行实验，或组织有关实践活动，在讲解过程中引导学生观察，达到了解现象、取得资料、发掘问题和勤于思考的目的。

其次，在概念理解阶段，教师讲解的主要目的是引导学生进行比较、分析、综合、概括，排除次要因素，抓住主要因素，找出所观察到的一系列现象的共性、本质属性，形成概念，用准确、简洁的物理语言或数学语言给出确切的表述或定义，并指出所定义的概念的适用条件和范围。

最后，在概念应用阶段，通过与有关、相近概念的对比讲解，以及进行适当的练习运用，巩固、深化对概念的理解。

案例 4-10："超重与失重"概念讲解

教学过程	技能说明
老师这里有一瓶矿泉水，要知道它有多重，最简单的办法是什么？ 　（天平或弹簧测力计测量。） 　我们请同学来看一看矿泉水受到的重力是多大。 　我们发现，矿泉水静止时受到的重力是 16N，那是不是在运动状态下矿泉水受到的重力也都是 16N 呢？为了弄清这个问题，我们可以试着改变矿泉水瓶的运动状态。我先让它匀速向上运动，同学们注意观察弹簧测力计的示数。 　怎么样？ 　我们发现匀速向上运动时弹簧测力计的示数没有发生改变，那现在老师让弹簧测力计从静止开始突然向上加速，同学们请注意观察突然加速的瞬间，弹簧测力计示数怎么变化。 　我们发现，当物体突然向上加速时，弹簧测力计测的物体的重力相对静止时的重力变大了。为什么会有这样的现象呢？	【演示技能】通过演示实验，学生得到了与固有观念矛盾的结论：运动状态下拉力不等于重力。教师在演示中又创设教学情境，巧设疑问，把这种外部诱因作用于学生，使其产生内部需要，激发了学习兴趣，提高了他们的学习积极性，从而把学习积极性引向具体的学习目标。
既然矿泉水瓶的受力情况发生了变化，我们要想知道为什么会这样变化，就要先来对矿泉水瓶进行受力分析。它受到了哪些力啊？ 　它受到了重力和弹簧测力计的拉力。当物体静止或做匀速直线运动时，重力与弹簧拉力平衡。由于弹簧对物体的拉力与物体对弹簧的拉力是一对相互作用力，所以我们可以借助弹簧受到拉力而形变的程度间接测量重力，此时弹簧测力计的示数也称为物体的视重。 　当突然加速上升时，加速度向上，根据牛顿第二定律可知合力等于 ma，方向也向上，所以我们取向上为正方向，可以得到一个牛顿第二定律的方程。 $$F_合=F-G=ma$$ $$F=G+ma$$ 　因为向上为正方向，$a>0$，所以 $F>G$，即弹簧对物体的拉力大于物体的重力。 　也就是说，弹簧测力计的视重大于物体的重力。我们把这种视重大于自身重力的情况称为超重。	【变化技能】教师利用语言，将学生的思维从观察演示实验带入原因分析中，从受力分析开始研究问题，引起学生的学习兴趣，调动学生的学习积极性和求知欲望，使学生全神贯注地学习和思考。 　 　 【强化技能】教师边讲解边板书，不断强化学生对超重现象的理解。由于课堂讲解瞬息即逝，学生仅凭听讲而要理解一堂课教学内容的全貌（尤其是物理知识之间的内部结构和各部分之间的逻辑联系），以及一些严谨的物理概念和规律是比较困难的。学生根据教师板书的分析，很好地跟随教师的思路，理解物理的过程，领会物理规律和概念的内涵。

通过对物理问题讨论分析引出物理概念是物理教学中常用的一种方法。教师设计适合学生认知水平的问题，在对问题讲解的过程中唤起学生已有的感性知识，逐步引出物理概念，能够帮助学生理解引入物理概念的原因，准确把握概念的物理意义，为物理学习奠定坚实的基础。

案例 4-11："静摩擦力"概念讲解

教学过程	技能说明
我们之前的学习已经了解了摩擦力是在两个相互接触的物体之间产生的一种阻碍相对运动的力。 在刚才的这个实验里，我们要推动桌子时，桌子与地面相接触，我们可以感受到有一个阻碍桌子与地面发生相对运动的力，这个力就是摩擦力。我们从二力平衡的角度来分析这个问题：桌子处于静止状态，也就是平衡状态，我们对桌子有一个推力，那么桌子要处于平衡状态，必然受到一个与推力平衡的力。又由于桌子仍然是相对地面静止的，也就是说这个摩擦力不是滑动摩擦力，所以我们称之为静摩擦力。那让我们来研究一下在什么状态下会有静摩擦力。	【语言技能】教师利用语言分析学生身边的事物，引导学生感受阻力的存在。 【强化技能】教师通过组织教学过程中的情境呈现，使学生对其做出反应，如果教师没有给予反馈，则学生的认识尝试活动会失去方向和动力。这样教学环节便失去控制，学生的思维活动变得混乱。
我们之前学习了滑动摩擦力，我们可以用滑动摩擦力与静摩擦力对比，得出静摩擦力产生的条件。我们知道滑动摩擦力的产生条件是接触、挤压、接触面粗糙、两物体间相对滑动。那么让我们来类比一下静摩擦力。 静摩擦力的产生也需要接触、挤压、接触面粗糙等条件，但物体没有相对滑动。由于推力的存在，物体有相对滑动的趋势，故静摩擦力与滑动摩擦力的区别在于：滑动摩擦力产生于两个相互滑动的物体之间，而静摩擦力产生于两个具有相对滑动趋势的物体之间。	【变化技能】注意是课堂教学中学生学习的一个重要学习因素。课堂教学中，物理教师运用变化技能，把学生的注意力始终集中到教学上，使学生的注意保持良好的品质，使其沉浸于教学的意境之中。

静摩擦力与滑动摩擦力的概念有许多相通的地方，借助相似的问题情境，对比滑动摩擦力引出静摩擦力可以有效帮助学生理解静摩擦力的概念，同时强化滑动摩擦力的概念。物理学中有许多概念都是相通的，教师要注意在学生已有认知基础上，借助相似对比讲解，帮助学生理解相关的物理概念。

案例 4-12："压力"概念讲解

教学过程	技能说明
同学们，我们刚刚分析了放置在桌面上的水杯对桌面的压力，我们发现它对桌面的压力是垂直于作用面竖直向下的。有的同学联系到了重力，这样能够联系前面所学过的知识点是极好的，下面我们就一起来看看这个压力到底是不是重力。如果是，为什么不管它叫重力而叫压力呢？如果不是，那么压力和重力的区别是什么呢？请同学们思考 1 分钟。 认为压力是重力的同学请举手（代表 A）。 认为压力不是重力的同学请举手（代表 B）。	【提问技能】教师在学生感性体验的基础上提问，可以有效帮助学生明确问题的指向，并能有效预测学生可能的反应，为后续教学奠定良好的基础。

教学过程	技能说明
那么压力到底是不是重力呢？就让我们一起来分析一下。刚才我们讨论在水平面上水杯对桌面的压力，如果我们把桌子斜起来放，情况有什么不同呢？ 　　教师作斜面上压力的示意图。 　　我们发现了一个问题，压力的方向不同了，说明压力与重力是不同的。	【板书技能】教师借助板书板画，分析推理重力和压力的关系。帮助学生突破思维障碍，理解物理的过程，领会物理规律和概念的内涵。
那么我们再从力的三要素分析一下： 　　压力和重力的作用点不同，重力作用在重心，压力在接触面上。 　　它们的方向不同，重力始终竖直向下，压力则垂直于接触面。 　　它们的大小不同，重力由物体质量决定，压力由作用在物体表面的力决定。	【强化技能】在受力分析的基础上，教师继续利用力的三要素，强化学生对重力和压力的认识。

　　物理概念教学要求理清概念的内涵和外延，区别相关概念之间的区别和联系。教学实践发现，许多学生将压力与重力混淆，认为压力就是重力。为了帮助学生理解压力的内涵，有必要设计问题情境，引发学生思维冲突，在逐步讲解的过程中，突破思维障碍，帮助学生建立科学的物理概念。

案例4-13："静摩擦力"条件和方向讲解

教学过程	技能说明
产生静摩擦力需要什么条件呢？既然同样是摩擦力，同学们先来回顾一下滑动摩擦力的产生条件，我们请×××同学起来说一下。 　　学生：…… 　　很好，首先两物体要接触，并且接触面粗糙，还要有相互挤压和相对滑动（边说边播放幻灯片）。 　　我们类比滑动摩擦力，要产生静摩擦力，首先两物体也要接触，并且接触面不光滑，还要有相互挤压。 　　既然两个物体之间没有相对滑动，那么要产生静摩擦力是不是只要前三个条件就够了呢？	【提问技能】教师提问时要求"回顾滑动摩擦力的产生条件"回答静摩擦力的条件。这个提示非常关键，能够帮助学生明确问题答案的来源和方向，为教师的后续教学奠定基础。
同学们请看，现在我对粉笔盒施加一个推力，但未能把粉笔盒推动，但是当我加大推力后，粉笔盒就被推动了。也就是说，虽然之前粉笔盒未被推动，但是粉笔盒其实是想在桌面上运动的，也就是说粉笔盒与桌面之间有相对滑动的趋势。这是产生静摩擦力的一个很重要的条件，即物体间要有相对滑动的趋势。四个条件缺一不可。	【演示技能】学生认识有关事物，学习某些抽象的概念、规律时，必须从接触这个事物、获得感性认识开始。对于直接经验不多的学生，要建立一个概念，掌握一个规律，必须有个观察现象、重温经验以致产生印象从而形成观念的过程，才能达到理解、巩固的目的，并实现迁移。通过演示推粉笔盒的实验，可以帮助学生获得丰富的感性认识，分析得到静摩擦力产生的条件。

续表

教学过程	技能说明
通过刚才的学习我们知道，虽然没有将粉笔盒推动，但是由于粉笔盒与桌面之间有相对滑动的趋势，所以粉笔盒受到静摩擦力，那么摩擦力的方向如何呢？ 　　我们知道滑动摩擦力的方向与相对运动的方向相反，那静摩擦力就是与相对运动趋势的方向相反。但是，两物体间没有实际的相对位置的改变，就不太容易判断相对滑动趋势的方向。下面我们就一起来学习判断静摩擦力方向的两种方法。	【变化技能】教师对比滑动摩擦力的方向研究，从静摩擦力的产生条件自然过渡到如何判断它的方向。
第一种方法，反推法，即先根据研究物体的运动状态，由牛顿第二定律确定合力的方向，然后进行受力分析，反推出静摩擦力的方向。 　　我们一起对粉笔盒进行受力分析，同学们说它受到哪些力？ 　　学生：重力、支持力、推力。 　　我们暂时还不确定它是否受到静摩擦力。同学们想一想，人给它一个推力，但是它始终保持静止，根据初中大家学过的二力平衡，说明有一个反方向的力与推力抵消了。由此我们可以推断粉笔盒受到桌面对它的静摩擦力水平向左，与推力的方向相反。 　　第二种方法，假设法。既然不知道到底存不存在静摩擦力，就先假设不存在，看看物体会向哪个方向运动，那么静摩擦力的方向就与这个方向相反。 　　我们还是分析上面的例子，人给粉笔盒一个向右的推力，如果接触面光滑，我们可以判断：粉笔盒往右运动，摩擦力将阻碍这种运动，故静摩擦力向左。	【强化技能】不同学生在某一阶段的认知水平和学习能力存在差异，对信息的接受理解和反馈程度不同。教师运用变化技能，通过介绍研究方法，能让更广泛的不同学习能力的学生参与学习活动。

　　物理概念教学最终要落在概念的应用上，因此教师应设计应用概念的情境，教给学生借助概念分析问题的方法。案例 4-13 中，教师在实例讲解的基础上，向学生介绍了两种判断静摩擦力方向的方法，为学生判断静摩擦力的方向提供"支架"，巩固、深化对静摩擦力概念的理解。

　　3. 物理规律讲解实例分析

　　物理规律的教学过程，一般来说应当经历一个在教师的引导下，学生在物理世界的相互作用中发现问题、探索规律、讨论规律和运用规律的过程。因此，物理规律的教学过程一般包括以下四个有序的步骤：

　　（1）创设便于发现问题、探索规律的物理环境。

　　（2）带领学生在物理环境中，按照物理学的研究方法探索物理规律。

　　（3）引导学生对规律进行讨论。

　　（4）引导和组织学生运用物理规律。

案例 4-14："力的合成"规律讲解

教学过程	技能说明
在初中物理的学习中，我们已经探究过同一直线上二力的合成。当作用在同一物体上的两个力方向相同时，它们的合力大小等于二力之和，合力的方向与这两个力的方向一致。比如两个人朝同一方向推箱子，其合力等于两人的推力之和。当作用于同一物体上的两个力方向相反时，它们的合力等于两个力大小之差，方向与较大的那个力相同。	【语言技能】教师在课堂中运用教学语言正确、清晰地传递教学信息，边板书边描述初中所学的同一方向上二力的合成。
但是，在很多情况下，作用在同一物体上的几个力并不都在同一直线上，这个时候如何求不在同一直线上的几个力的合力？它们的合力是不是还是简单的算术相加减？我们通过一个实验来看看。	【变化技能】利用语言将学生从特殊的二力合成引入一般情况下的二力合成，引导学生发现问题。
这里有个钩码，我用两个弹簧测力计一定角度提起它，这时重物受到的两个拉力不在同一直线上。此时，钩码静止，这两个力的大小分别是多少呢？ 　　请同学帮老师读一下读数。分别是 F_1=1.8N 和 F_2=1.2N。 　　也就是此时钩码受到两个大小分别是 1.8N 和 1.2N 的不在同一直线上的力的作用。如果力的合成满足简单的算术相加减，那么这两个力的合力应该是 3N，也就是说如果我用一个力来提这个钩码，钩码静止，这个力应该是 3N。事实是不是如此？我们一起来看一下。 　　现在我用一个弹簧测力计提这个钩码。保持钩码静止，此时这个拉力对钩码的作用效果和刚才两个弹簧测力计共同作用的效果相同，可见这个力是刚才那两个共点力的合力。这个力是多少呢？ 　　请同学来帮我读一下这个力的大小是多少：2.6N。 　　同学读出来的读数都是 2.6N，不在同一直线上的两个力的合力不是 3N，而是 2.6N，略小于二力之和。 　　为什么两个不在同一直线上的力的合力比二力之和小呢？是什么原因导致了这个结果？有同学说因为两个力的方向不在同一直线上。没错，看来我们只关心两个力的大小和合力的关系是不够的，还需要把力的方向考虑进去。那么不在同一直线上的几个力和合力之间到底存在什么关系呢？	【演示技能】学生认识有关事物，学习某些抽象的概念、规律时，必须从接触这个事物、获得感性认识开始。对于直接经验不多的学生，要建立一个概念，掌握一个规律，必须有个观察现象、重温经验以致产生印象从而形成观念的过程，才能达到理解、巩固的目的，并实现迁移。
研究表明，当作用在物体上的两个共点力不在同一直线上时，这两个力的合成满足平行四边形定则（作图示意）。也就是说，如果以表示原来两个共点力 F_1 和 F_2 的线段为邻边作平行四边形，那么其合力 F 的大小和方向就可以用这两个邻边之间的对角线来表示。这就是共点力合成的平行四边形定则。所有矢量的合成都遵守平行四边形定则，这正是矢量不同于标量的运算法则。	【变化技能】从学生实验得到的定性关系过渡到定量规律，为后续验证实验做好准备。

　　物理规律本身反映了物理现象中的相互联系、因果关系和有关物理量间的严格数量关系。因此，在物理规律的教学中，必须将那些原先分散学习的有关物理概念综合起来，以研究它们的关系作为主题。用联系的观点引导学生研究新课题，提出新问题，才能激发学生新的求知欲望与研究志趣。案例 4-14 中，教师借助学生已掌握的测量力的方法，测量、对比发现"问题"，并以此为教学起点，能够在激发学生求知欲的同时，教给学生研究问题的方法。

案例 4-15："牛顿第一定律"规律讲解

教学过程	技能说明
为了解决这个问题，接下来我们就要针对这两个分歧点进行实验探究，看看到底谁的观点是正确的。先来进行第一个实验探究。 　　大家都仔细观察这个现象。老师推一下小车后手迅速离开，这样推力马上就撤销了。我们发现推力撤销后，小车仍然能够向前运动一段距离。可见，物体的运动需不需要力来维持？ 　　（不需要。） 　　对，因此在第一个分歧上，伽利略的说法是正确的。 　　我们再来进一步分析。推力撤销了，小车还能运动，说明小车不受推力的作用也能运动。这就说明了亚里士多德说"没有力的作用，物体就要静止下来"的观点是…… 　　（错误的。）	【演示技能】教师借助演示小实验，分析引导学生反驳亚里士多德的观点。
那么，物体为什么会停下来呢？是不是像伽利略说的"受到了阻力"？大家想想看，我们骑自行车的时候，如果不继续踩脚踏板，自行车会怎样？ 　　通过上一章的学习，我们知道自行车的轮胎跟地面之间是有摩擦的。也就是说，轮胎会受到摩擦力的阻碍作用，使车最后停了下来。因此，在第二个分歧上，依然是伽利略的解释更为合理。	【变化技能】教师将学生注意力从评价亚里士多德和伽利略观点带入"为什么会停下来"的研究。
有同学就要问了，既然亚里士多德的观点是错的，为什么他的观点能够持续那么久啊？同学们看，刚才老师让你们从生活现象进行推理，你们不也得出来同样的观点嘛。所以亚里士多德的观点能持续这么久，除了没人会质疑他之外，还有很重要的一点，就是他的观点更符合人们的日常生活经验。 　　为什么亚里士多德会得出错误的观点呢？就是因为他只通过观察生活现象就进行分析，没有通过实验来验证，凭生活经验就进行推理，从而得出了错误的观点。而伽利略不仅仅是通过观察，还动手进行实验，从实验中总结规律并进行分析推理，从而得出了正确的观点。可见在物理学中，观察固然是重要的，但实践才是检验真理的唯一标准啊！所以实验更是必不可少的！	【语言技能】教师借助语言结合日常生活经验，向学生介绍了古人观察和研究问题的不足，渗透了科学态度和价值观教育。

　　对于牛顿第一定律的教学，不一定按历史上发现的过程来叙述，教师可根据教学要求、学生原有的基础、学校设备条件等重新设计。案例 4-15 中，教师提出两种不同观点后，利用学生身边的物理现象，分别解析两个问题，能够促进学生掌握研究方法和发展能力，为后续探究规律奠定基础。

案例 4-16："运动独立性"规律讲解

教学过程	技能说明
同学们，前面我们已经学习了研究一维运动的方法，并且掌握了一些一维运动的规律。如果物体的运动不是一维的，比如将网球以某个角度抛出，网球的运动轨迹就不是直线，而是曲线。该怎样研究、描述这样的二维运动并掌握它的运动规律呢？	【语言技能】通过简洁明了的语言，引出要研究的问题：怎样研究、描述二维运动？

续表

教学过程	技能说明
在物理学中，我们通常采用运动的合成与分解的方法，把一个二维运动分解为两个一维运动加以研究。例如，这个网球的运动，我们就可以视为一个沿水平方向和另一个沿竖直方向的两个运动的合运动。水平和竖直方向上的分运动规律我们已经掌握了，因此我们就可以把未知的问题转化为已知的知识加以解决。当然也可以分解为任意两个方向的分运动，但这两个分运动的规律我们不知道，所以在中学阶段，这样的分解不能解决问题。	
我们研究问题时，总是从简单到复杂。因此，我们先来研究物体，如小球沿水平方向抛出的运动。这是它的运动轨迹。我们先从理论上来分析小球的运动特点。 在不计空气阻力的情况下，在水平方向上，小球没有受到外力的作用，因此将做匀速直线运动；而在竖直方向上，小球初速度为零，仅受到重力的作用，因此将做自由落体运动。但是小球在实际运动过程中，这两个方向的分运动会不会互相影响呢？如果竖直方向会影响水平方向的运动，那么小球在水平方向就不做匀速直线运动；如果水平方向会影响竖直方向的运动，小球在竖直方向就不做自由落体运动。目前我们无法研究二维运动的规律。但是，如果小球的两个分运动互不影响，具有独立性，我们就可以解决如何研究、描述二维运动的问题了。下面，我们就通过实验加以探究。 我们先来研究水平方向的分运动是否影响竖直方向的分运动。	【变化技能】借助物理学从特殊到一般、从易到难的研究方法，先研究简单的平抛运动。
大家看这个实验装置，我们把这个水平面看作地面。我将两个小球放置于同一高度处。我们把大家右边的小球看作 A 球，左边的看作 O 球。此时 O 球被金属弹簧片夹住，不会掉落。如果我用小锤击打金属片，A 球将以一定水平初速度飞出，它一边沿水平方向前进，一边沿竖直方向下落。与此同时，O 球将被松开做自由落体运动。 大家猜猜看，它们会不会同时落地呢？ 怎么样？我听到有的同学说，看到两个小球几乎同时落地，听到两球撞击地面的声音是重合的，所以两个小球是同时落地的！ 同时落地说明了什么呢？ 很好，这初步说明了水平抛出的小球在竖直方向是做自由落体运动。 如果改变小球水平方向的运动，会不会影响竖直方向的运动呢？如果会影响，两个小球还会同时落地吗？对了，它们就不会同时落地了。 现在我把小锤抬得更高，A 球飞出时的水平初速度就会增大。 请大家认真观察，两个小球是否同时落地？ 我听到大家异口同声地说两个小球还是同时落地！ 这就说明了，小球在水平方向的分运动不影响竖直方向的分运动。	【演示技能】借助教具直观演示平抛运动水平和竖直方向上的运动。演示时，教师要明确讲解的先后顺序：先介绍仪器再操作。 【演示技能】教师向学生介绍实验现象观察的方法：听声音。 【提问技能】在实验观察的基础上提出问题"为什么"，帮助学生明确问题指向，引导学生基于实验现象回答。

续表

教学过程	技能说明
下面，我们探究竖直方向的分运动是否影响水平方向的分运动。 　　大家看，这是两个相同的光滑轨道 M、N，它们的下端都沿着水平方向，两轨道上端分别装有电磁铁 C、D，将小铁球 P、Q 分别吸在 C、D 上，并且 AC=BD。根据机械能守恒定律可知，切断电源后，两小铁球将以相同的初速度 v_0 同时从轨道 M、N 水平射出。 　　由于 N 轨道下方连接着光滑的金属水平轨道，因此 Q 球将做匀速直线运动；而 P 球射出后将同时参与水平方向和竖直方向的运动。大家猜猜看，当 P 与 Q 到达同一水平面时，会不会相碰呢？ 　　我们用实验来证明大家的猜想。现在我将两个小球吸在电源上，切断电源后，请同学们观察两个小球会不会相碰。 　　大家都看到两个小球相碰了，那相碰说明了什么呢？ 　　说明了两个小球的水平位移是相同的。 　　那两个小球所经历的时间呢？ 　　也是相同的。 　　那水平速度也就相同了。 　　由于 Q 球做的是匀速直线运动，因此我们可以初步认为 P 球在水平方向也是做匀速直线运动。	【变化技能】在教学过程中，利用教学组织形式、教学活动形式等各种形式的变化，避免单调、枯燥、乏味的教与学，可以引起学生的学习兴趣，调动学生的学习积极性和求知欲望，使学生全神贯注地学习和思考。 【演示技能】演示教学中，教师通过规范操作实验仪器、正确记录和分析数据，可使学生了解基本仪器的使用方法、观察和记录数据的方法、分析数据并作出实验曲线的方法等。教师演示的过程是培养学生掌握正确的操作技术和观察方法的过程，也是培养学生的观察能力和实验能力的过程。
如果改变 P 球在竖直方向的运动，是否会影响水平方向的运动呢？如果会影响，两个小球还会相碰吗？显然不会。我们整体提高轨道 M 的高度来改变 P 球竖直方向的运动，再进行一次实验，看看它们会不会相碰。 　　怎么样？ 　　两个小球还是会相碰。 　　所以，小球在竖直方向的分运动不影响水平方向的分运动。 　　以上两组实验说明了，在不计空气阻力的情况下，小球两个方向上的分运动互不影响，具有独立性。（板书：运动的独立性） 　　知道了运动的独立性，就给我们解决二维运动问题带来了极大的方便。	【强化技能】通过对不同实验条件下实验结果的观察，强化学生的认知，加深学生印象。

　　物理规律总是与许多物理概念紧密联系在一起的，与某些物理规律也互相关联。"运动独立性"教学的任务之一，就是帮助学生理清"各分运动"之间的关系，教师在此过程中应注重教给学生分析问题、解决问题的方法，以帮助他们培养运动和相互作用观念。

　　4. 物理实验讲解实例分析

　　物理实验讲解有一个基本过程，一般都是开始于使学生做好观察的心理准备，结束于对学生的核查理解，其间经过出示仪器（教具）、指导观察、提示重点等几个步骤。实验讲解要求如下：

　　演示前，教师要根据教学内容和学生年龄特点，恰当地选择和准备好各种仪器或直观教具。

演示时，教师要使全班学生都能看到演示的对象，尽可能地让其运用各种感官，充分感知学习对象。

教师要引导学生注意观察演示对象的主要特征和重要方面，不要使他们的注意力分散到一些细枝末节上。要做到这一点，教师应对演示对象加以必要的说明，告诉学生观察什么、注意什么，同时提出一系列问题，把学生的注意力引导到必须进行观察的事物上，抓住最本质的问题。

教师要尽可能地让学生观察演示对象的变化、发展和活动的情况，这样才能使其获得深刻完整的印象。

教师还要适当配合讲解或谈话，引导学生观察，并给出一个明确的结论，以总结出规律性知识。

案例 4-17： "圆周运动" 实验讲解

教学过程	技能说明
导入新课（实验演示），播放视频"飞车走壁"。 同学们，通过刚才的视频，我们产生了这么一个疑问：在杂技表演飞车走壁当中，究竟是什么力改变了飞车的速度方向，使其做圆周运动的呢？为了找出这个力，我们先来看一个简单的小实验。 （演示实验1。） 老师手中拿着一个小球，球上拴着一根轻绳。我用一根竹签将绳子的另一端固定在近似光滑的水平塑料板上，就可以让小球做圆周运动。那么在这个过程中，小球受哪些力？什么力改变了小球的速度方向，使小球做圆周运动？ （绳子的拉力。） 哦，很多同学说是拉力。是不是呢？我们可以通过实验来验证一下。假设确实是拉力促使小球做圆周运动，那就意味着如果我将拉力撤去，小球是不是就不能继续做圆周运动了呀？那在实验中要怎么把拉力撤去呢？ 对，要想撤去拉力，我只要把竹签拔掉，这样绳子就松弛了，也就不会对小球施加拉力了。为了记录小球的运动过程，我在板上铺一张白纸，然后将小球蘸一点墨水，还是让小球在这个水平面上做圆周运动，大家仔细观察。 （验证实验1。） 从白纸上留下的运动轨迹可以看出，当老师拔掉竹签之后，小球并没有继续做圆周运动。而是沿着圆的切线方向运动。这就说明，没有绳子的拉力，小球确实不能做圆周运动。 好，现在我们把小球的受力情况记录下来。小球受到了竖直向下的重力和竖直向上的支持力，以及绳子的拉力，拉力沿着绳子的收缩方向。其中，重力与支持力的作用效果相互抵消。因此，在这种情况下，是拉力改变了小球的速度方向，促使小球做圆周运动。那么，是不是只有拉力才能使物体做圆周运动呢？我们再来看一个实验。	【多媒体辅助技能】播放一些趣味物理或科教方面的视频，可以使学生有身临其境之感，充分激发他们的学习兴趣和求知欲望。兴趣是最好的老师，学生就能够积极、主动地学习。 【演示技能】通过实验演示，为学生提供丰富的直观感性材料，有利于突破难点和重点，促进学生理解和巩固知识，加快教学过程，提高课堂教学效率。 【提问技能】教师借助逐步深入、层层递进的一连串由简单到复杂、由低级到高级的问题，能够激发学生的思维，激励学生向较高的目标奋进。 【强化技能】借助实验演示，强化学生对圆周运动线速度沿切线方向的理解。 【强化技能】设计同类型实验，强化对之前猜想和结论的理解。

续表

教学过程	技能说明
（演示实验2。） 这是一个透明的近似光滑的圆形挡板，我现在让这个小球沿着圆形挡板的内壁运动，显然小球也是在做圆周运动。那么在这个过程中，小球受哪些力？又是什么力改变了小球的速度方向，使小球做圆周运动？  （挡板的弹力。） 我听到有同学说是挡板的弹力，是不是呢？我们也来看一下。 结果很明显，撤去挡板之后，小球没能继续做圆周运动，同样是沿着切线方向运动。那就说明，挡板确实对小球产生了一个弹力的作用，促使它做圆周运动。 好，同样，我们也把小球的受力情况记录下来。小球受到竖直方向上的重力与支持力，二者相互抵消，同时还受到挡板对它施加的一个弹力。那么这个弹力的方向又是指向哪儿的呢？ 根据之前学过的知识我们可以知道，弹力的方向与接触面垂直，也就是要与挡板的切面垂直，所以弹力总是沿着半径指向圆心。也正是这个弹力改变了小球的速度方向，使小球做圆周运动。 （分析"飞车走壁"。） 在以上的两个实验中，我们都找到了使物体做圆周运动的力。现在让我们回过头来解决一下之前留下的那个疑问，在杂技表演"飞车走壁"当中，是什么力改变了"飞车"的速度方向，使其做圆周运动的呢？好，我们来看一下，假设把人和车看成一个整体，那么在整个过程中它应该受到一个竖直向下的重力，以及垂直斜面向上的支持力。在这里摩擦力和空气阻力可以忽略不计。那大家思考一下，是什么力促使这个整体做圆周运动的呢？	【强化技能】在教学过程中，通过结论一致的实验，不断强化学生的正确结论，让学生体会到自己的认真学习得到老师、同学的肯定，心里有了满足感，会认识到行为的正确性并积极表现，其他学生通过间接强化也能有所体悟。因此，强化对于帮助学生正确行为和价值观的形成具有积极意义。

学生已经初步具备了基于实验现象分析原因的能力。在圆周运动中，"向心力的因"并不是很突出，是教学的难点问题之一。这要求教师预先向学生指出将观察其中哪一方面的现象、为什么观察，以便学生有准备、有目的地进行观察和分析。教师通过设计问题，设计层层深入的实验演示，带领学生逐步剖析疑难问题，发现规律。

案例4-18："液体压强"实验讲解

教学过程	技能说明
同学们，通过实验我们已经知道了液体是有压强的，而且不只对容器底部，对容器侧壁也有压强。那液体的内部存不存在压强？方向和大小是怎样的呢？接下来，我们同样通过实验来探究一下。首先，我们探究一下液体内部是否存在压强，如果有，方向是怎样的？这是我们的实验目的。接下来，我们进行猜想，请同学们根据已有知识和经验想想，液体内部存在压强吗？方向是怎样的？	

教学过程	技能说明
（猜测液体内部有压强。） 　　好，同学们的猜想是液体内部存在压强，且压强是向各个方向的。实践是检验真理的唯一标准，也是验证我们猜想的办法。我们现在要通过实验来验证它，那实验之前，我们先认识一下今天实验用的仪器。 　　请同学们看，老师桌子上的这个仪器叫微小压强计。同学们看这个管子像什么英文字母？ 　　对，所以这个管子就叫 U 形管。而这个东西叫作探头，它是可以自由旋转的，这个膜是橡皮膜，探头和 U 形管之间用橡皮管连接。请同学们观察，现在 U 形管内的液面是怎样的？ 　　现在，老师轻轻地压这个探头上的橡皮膜，请同学们再观察，U 形管的液面高度有什么变化？ 　　(出现高度差。) 　　没错，液面产生高度差。那老师再用大点的力压探头的橡皮膜，液面的高度差又发生什么变化？ 　　没错，所以说，橡皮膜受到的力越大，U 形管液面高度差也越大。总结一下，当橡皮膜不受压强时，U 形管两侧液面平齐。当橡皮膜受到压强时，U 形管两侧液面产生高度差，而且压强越大，高度差越大。 　　很好，根据仪器的这些特点，我们要设计实验方案验证我们刚才的猜想。首先，验证液体内部是否有压强，要怎么做？ 　　很好，将探头浸入液体之中，观察液面是否出现高度差。如果有压强，液面就会出现…… 　　如果没有压强，液面就会…… 　　如果我们要判断液体在各个方向有没有压强，应该怎么做？ 　　没错，刚才说过了，探头是可旋转的，将探头旋转到各个方向，观察 U 形管两侧液面有没有高度差，可以判断这个方向是否有压强。 　　很好。实验方案我们已经有了，根据实验猜想和实验方案，老师设计了这个表格。现在请同学们和老师一起来做这个实验，完成这个表格。	【演示技能】演示教学中，教师通过规范操作实验仪器、正确记录和分析数据，可使学生了解基本仪器的使用方法、观察和记录数据的方法、分析数据并作出实验曲线的方法等。教师演示的过程是培养学生掌握正确的操作技术和观察方法的过程，也是培养学生的观察能力和实验能力的过程。 【演示技能】演示实验中，教师在直观观察的基础上提出问题，控制变量，直到完成抽象概括的过程，使学生了解物理学研究方法，培养学生从实际出发、尊重客观事实和实事求是的科学态度。 【强化技能】使学生基本掌握 U 形管压强计使用方法，引导学生开展实验、收集数据，强化对正确猜想的理解。

序号	1	2	3
橡皮膜的朝向	上	下	侧
压强计的高度差/cm			

　　现在，老师把探头浸入液体中，探头向下，请同学们看看 U 形管有没有产生高度差。

　　现在，老师将探头向上。有吗？

　　再将探头面向侧面，慢慢地转一个圈，有高度差吗？

　　好，现在根据这个表格可不可以解决我们的问题？从中我们得到什么结论？

　　好的。所以，从这个实验中我们得出结论：液体内部存在压强，方向是四面八方的。

　　在遇到新仪器时，教师要特别注意仪器的介绍。不仅要介绍仪器的构成、使用，还要有"设计"地介绍仪器出现的现象（或数据）说明了什么，从这些数据中可以得到什么结论。这些都是后续演示实验的基础，是学生基于实验现象得出结论的关键。

第三节　物理课堂教学讲解微格训练

行动一、案例观摩与研讨

在对物理教学讲解有了初步的感性认识之后，怎样将这些理论知识体现在教学实践中呢？观看并分析视频课例，体会讲解技能的运用方法、技巧及有关原则。

概念讲解视频观摩

课例 4-1：圆周运动的描述

教学课题	圆周运动的描述				
技能训练	概念讲解	片长	11 分 52 秒	视频二维码	
教学目标	1. 知道线速度的大小、方向及其所表征的物理意义。 2. 知道引入角速度的必要性。 3. 知道角速度的大小及其所表征的物理意义。				

内容简介

通过比较做圆周运动的物体运动快慢的问题，借助"速度"的定义，引入线速度的概念，介绍线速度的定义、大小、方向及物理意义。

在线速度基础上，比较传送带上两个线速度大小相同的点的转动快慢问题，引出线速度无法比较它们的转动快慢，引出角速度的概念，介绍角速度的大小和物理意义。

初看视频后，我的思考与评价：

课例 4-2：描绘磁场

教学课题	描绘磁场				
技能训练	概念讲解	片长	10 分 4 秒	视频二维码	
教学目标	1. 知道磁体周围存在磁场。 2. 知道磁体周围磁场分布情况，会用磁感线描绘磁场。				

内容简介

在学生知道磁体周围存在磁场后，提出问题：如何描绘磁场中某点的磁场方向？引导学生借助小磁针的指向来描绘磁场方向。

在描绘磁场的过程中，引导学生发现小磁针描绘磁场的不足：太大了，覆盖了好多点。有没有可能用小磁粒（小铁屑）来描绘呢？

在用小铁屑描绘时，再引导学生突破小铁屑没有方向的不足，描绘磁感线。

初看视频后，我的思考与评价：

课例 4-3：滑动摩擦力方向

教学课题	滑动摩擦力方向				
技能训练	概念讲解	片长	7 分 54 秒	视频二维码	

教学目标
1. 通过实验了解滑动摩擦力的方向。
2. 知道摩擦力方向与物体运动方向无关。

内容简介

通过教具，演示物体相对滑动时，摩擦力方向与运动方向、相对运动方向的关系，理解滑动摩擦力的定义，明确滑动摩擦力方向与运动方向无关，与相对运动方向相反。

初看视频后，我的思考与评价：

规律讲解视频观摩

课例 4-4：超重与失重

教学课题	超重与失重				
技能训练	规律讲解	片长	7 分 48 秒	视频二维码	

教学目标
1. 知道超重与失重的含义。
2. 知道超重与失重产生的原因。
3. 能够判断物体超重和失重的状态。

内容简介

通过让挂着重物的细线断裂的小游戏，请学生思考：如何只用这一只手就将细线弄断？

学生可以根据生活经验，快速上提使细绳断裂。

教师追问：细线在刚提起时断的，也就是在物体加速上升阶段细线断了。这是为什么呢？教师围绕物体受力分析的步骤，逐步分析物体受力情况，并借助牛顿第二定律，分析得到上提的拉力大于重力。用弹簧测力计检验：拉力确实大于物体的重力。

在此基础上给出超重的定义，以及超重的特征。

同理，分析失重的产生原因和加速度特征。

最后介绍完全失重。

初看视频后，我的思考与评价：

课例 4-5：光的反射

教学课题	光的反射				
技能训练	规律讲解	片长	14 分 10 秒	视频二维码	
教学目标	1. 知道入射光线、法线和反射光线在同一个平面。 2. 知道入射光和反射光分居法线两侧。 3. 知道反射角等于入射角。				

内容简介

从寻找入射光线被反射后的光线情况入手，探索反射光线遵循的规律。

引导学生思考如何选择光线、如何描述光线、如何定量确定光线位置等，逐步引导学生得到光的反射的三条规律。

初看视频后，我的思考与评价：

实验讲解视频观摩

课例 4-6：压强

教学课题	压强				
技能训练	实验讲解	片长	8 分 56 秒	视频二维码	
教学目标	1. 知道压强与哪些因素有关。 2. 知道压强大小与正压力成正比，与受力面积成反比。				

内容简介

在学生感性体验人和骆驼脚印的基础上，提出问题：压力产生的效果与哪些因素有关？学生可能认为与质量有关，与压力有关，与面积有关等。教师引导学生利用控制变量法设计实验方案，逐个验证。

最后得出结论：压力作用效果与正压力成正比，与受力面积成反比。

初看视频后，我的思考与评价：

课例 4-7：电功

教学课题	电功				
技能训练	实验讲解	片长	10 分 4 秒	视频二维码	
教学目标	1. 知道电流做功与哪些因素有关。 2. 知道用控制变量法研究电功大小的影响因素。 3. 知道电功 $W=UIt$。				

内容简介

　　利用自制教具，引导学生控制变量设计实验方案，测量电功大小及与电流、电压、通电时间的关系。

初看视频后，我的思考与评价：

 主题帮助一、课堂讲解的语言要求

　　课堂教学的成败主要取决于讲授的优劣，而讲授的优劣又取决于教师的语言技能，因而讲授的语言技能在课堂教学中就显得十分重要。也有人认为："教师的任务就是传授知识，只要能把知识传授出去，学生能听清楚就万事大吉了，还谈什么语言技能。"但在实际工作中，许多课堂教学的失败，并不都是教师知识贫乏或资历浅造成的，大多是由于讲授缺乏应有的语言技能。那么，究竟怎样选择教师在讲授新课时的语言呢？这一阶段应从思考学生已掌握的知识，以及知识本身的内在联系和系统性开始。把学生的具体的已知内容纳入教材的未知体系中，使已知与未知有机地联系起来。因此，此阶段应以讲解为主，融会讲述辅以各种直观教学手段。其方法，从教材本身的逻辑安排分，可采用归纳法、演绎法；从学生如何掌握知识分，可采用问题探索法、讨论法；从教师的影响程度分，可采用指导法、自学法等。总体来看，此阶段的教学语言应主要体现逻辑性、透辟性和启发性。

　　（1）逻辑性：主要指准确地使用概念，恰当地进行判断，严密地进行推理的特点。但作为口语，语言必须简短明快，语气的舒缓或急促，语调的轻重缓急，都应受制于教材本身的逻辑性，依靠语言的逻辑力量。教师在讲授时一定要按照学生的理解水平进行逻辑推理。有些教师的讲授使学生感到高深莫测；而另一些教师的讲授又有些肤浅，叫人难以忍受。要做到讲授深浅适度，教师必须使自己的语言、思想和思维的顺序都与学生的水平相适应。讲授的内容要从具体到抽象，再回到具体，这样可以使一些问题不致悬在半空中。教师还要注意教材前后内容的逻辑性，给学生提供必要的背景知识，以便理解教材。

　　（2）透辟性：主要指阐发得透彻、尖锐，引导得玲珑剔透、清澈见底。要做到这些，教师必须提高自己驾驭教材的能力，能够居高临下，对全课甚至整个章节的教材都要有准确的分析，分清教材的主次，把握住重点和难点，把时间用在解决关键问题上，能做到一通百通。

好的教师在讲授中只突出几个论点，并围绕这些论点把它说清楚。为了保证教学目标的实现，教师除了必须清晰地阐明每个论点外，还要利用图解、事例及其他教学媒体来帮助说明。最后教师还要再回到他的论点，清楚地重申论点，通过最后总结使学生加深理解并尽可能牢固地掌握教学内容。

（3）启发性：主要指充分激发学生学习的内容诱因，培养学生的认识兴趣和思维能力。具有这种特性的语言，一般使用在课程的起、承、转、合处，或者使用在激疑、析疑、鼓励学生质疑和释疑处。就技巧手段而言，多使用设问、反问、比喻、比拟、排比、层递等修辞手法，致力于点拨、引导、启发。

主题帮助二、反馈与调整

教学的本质是通过师生的相互作用使学生得到发展。教师在讲解时，如果只注意自己讲，不注意学生学得如何，听得如何，则不会有好的教学效果。教学是师生的双边活动，信息流不仅指向学生，学生的一部分反馈信息还要反送给教师。教师根据学生接受信息的状况随时调节自己的教学行为，变换教学方式，才能有的放矢，引导和指导学生顺利地获得知识，发展智能。

讲解时，来自学生的反馈信息主要有以下几种情况：

（1）学生听课时表情是喜悦、兴奋、认同，还是呆板、不解、惆怅或是昏昏欲睡。

（2）学生的动作如打开书、举手等是迅速还是迟缓。

（3）学生的目光是集中还是分散。

（4）学生做练习、回答问题是否顺利正确。

（5）学生愿不愿意听课，有无小声说话或做其他事情的情况。

教师采取的调节措施主要有以下几点：

（1）当大多数学生喜欢听课，对讲解充满兴趣时，教学状态最佳。应按原计划讲课，注意讲课的系统性，语言精练生动，一气呵成。争取让学生这种高昂的学习状态一直保持下去，直至讲解结束。

（2）当一部分学生感到疲劳，精神开始分散时，表明学生听讲时间过长或教师讲话音量过小，或知识已经学会，没有新意，学生对教师讲课的兴趣已经减弱。此时，应尽快结束讲解，转入知识的应用阶段，安排学生做练习，或提问，根据学生的回答再进一步深入讲解。如果是音量问题，则可以调整音量。

（3）当学生注意听讲，但感觉听得吃力时，可能是讲解缺乏旧知识铺垫或缺乏实例，也可能是音量过小，语调平淡。

（4）教师讲解时有可能出现口误，学生发现教师讲课中的错误，或根本听不懂的时候，可提醒教师纠正。教师应鼓励学生提出不同的意见和看法，形成民主的教学氛围，及时发现并纠正每个错误，迅速疏通师生间的信息通道，避免出现大的失误。

（5）讲解中安排提问，教师可以从学生的回答中获得反馈信息，根据学生掌握知识的程度，把握并调节教师的语言、动作，教学的进度、深度或变换教学的方式。

总之，讲解不是教师单独的行为，讲解以学生为对象，是师生共同的活动。教师讲解的优劣，是以学生能否听得懂、记得牢、兴趣如何为标准的。教学反馈可以沟通师生之间的联系，使师生之间形成畅通的信息循环。教学反馈的主动权在教师，教师在讲解时，要善于捕捉来自学生的反馈信息，迅速做出判断，并采取相应的措施调整自己的行为。教学就是在这样的师生相互作用之中进行的。

 主题帮助三、情感控制

讲解不仅是教师与学生之间知识的交流，在学生学习知识的过程中，还渗透着教师的思想情感。讲解的情感控制是指教师在讲解物理知识时，要善于把握自己的情绪，按照物理知识本身蕴含的思想内涵，恰如其分地表现其思想内容。另外，教师讲解的情感控制还表现在教师的责任心，教师全身心地投入讲解，以教会学生为己任，心中想着学生，以关心、爱护学生的态度投身于教学，讲解就会有亲切、自然之感。一位平易近人、知识渊博、全心全意为学生服务的教师将为学生的人生播下幸福的种子，使学生受益无穷。

 行动二、编写讲解教案

根据教学讲解的特点及要求，参考课例 4-1～课例 4-7 的视频，认真备课，根据自身教学特点，完成相应的教案编写。编写教案时要注意基本技能的应用，编写格式可以参考表 3-2。

概念讲解参考教学设计

课例 4-1："圆周运动的描述"教案

姓名		指导教师	
片段题目	圆周运动的描述	重点展示技能类型	多媒体技能 演示技能 语言技能
教学目标	1. 知道线速度的大小、方向及其所表征的物理意义。 2. 知道引入角速度的必要性。 3. 知道角速度的大小及其所表征的物理意义。		

教学过程		
时间	教学过程	技能分析
	一、线速度 　　同学们，刚刚我们学习了匀速圆周运动。现在老师让 A、B 都做匀速圆周运动，A、B 的运动有什么不同？ 　　对了，A 运动快而 B 运动慢。你们是怎样比较的呢？ 　　有同学说让运动时间相等，比较弧长。弧长长的，运动快。那对不对呢？我们来看一下课件。现在老师让 A、B 同时运动、同时停下来，即运动时间相等。我们发现 A 通过的弧长 s_1 大于 B 通过的弧长 s_2，所以 A 运动得快。 　　还有其他方法吗？	【多媒体辅助技能】教师借助多媒体课件演示 A、B 两个圆周运动不同快慢的情况，为接下来的分析提供感性素材。

时间	教学过程	技能分析
	这位同学说让通过的弧长相等，比较时间，时间短的运动快。现在老师让 A、B 同时运动，通过的弧长都等于周长。A 的时间 t_1 小于 B 的时间 t_2，所以 A 运动得快！ 　　前面这两种方法都有它的特殊性。第一种是时间相等比弧长，第二种是弧长相等比时间。现在我让 A 先出发，B 后出发，同时停下来，时间和弧长都不相等，又该怎么比较呢？ 　　这边的同学说可以用弧长与时间的比值即单位时间内通过的弧长来比较。比值大的，运动快。 　　对，也可以用时间与弧长的比值，即通过单位弧长所需的时间来比较。比值小的，运动快。 　　这两种方法都是对的，并且更具有普遍性。根据思维常规，我们习惯用比值大的表示运动快。物理学中，把物体通过的弧长（s）与所用时间（t）的比值定义为匀速圆周运动线速度的大小，用符号 v 表示，数学公式为 $v=s/t$，单位为 m/s。	【强化技能】教师在教学过程中，通过对学生正确行为的强化，让学生体会到自己的认真学习得到老师、同学的肯定，心理产生满足感，会认识到行为的正确性并积极表现，其他学生通过间接强化也能有所体悟。因此，强化对于帮助学生正确行为和价值观的形成具有积极意义。
	二、角速度 　　同学们看，这是一个圆盘，老师使它匀速转（第三声）动，圆盘上的点都在做匀速圆周运动（课件）。能否用刚刚学习的线速度来描述物体转动的快慢？（表格）可以啊？ 　　同学们认真观察，圆盘上距离圆心不同的点，在相同的时间内通过的弧长不相等（表格：虚线），即线速度的大小不等。那到底哪一点的线速度可以描述圆盘转动的快慢呢？我们不能确定。可见，仅用线速度无法描述物体转动的快慢。 　　接下来请同学们再看一个演示实验。（转）用电机带动大圆盘匀速转动，大圆盘通过皮带带动小圆盘匀速转动，连接两圆盘的皮带不打滑。大家说，哪个圆盘转动得快呢？对！显然是小圆盘转动得快！那现在老师在两圆盘边缘上各取一点 A、B，转动圆盘（不到一圈）。大家说，哪一点的线速度更大呢？老师听到大部分同学认为 B 点的线速度大，那对不对呢？我们来测量一下。老师让 A、B 回到红线处。让 A、B 同时运动，同时停下来，这样它们运动的时间是相等的。那弧长呢？我们来量一量。好，这是 A 点通过的弧长，我把它剪下来。这是 B 点通过的弧长，也把它剪下来。比较一下，发现它们通过的弧长相等，可见 A、B 两点的线速度大小相等。看来同学们刚才的判断是错的。 　　这两个圆盘转动快慢不同，但它们上面点的线速度大小却可能相等。这个实验也进一步说明仅用线速度无法描述物体转动的快慢。下面我们就来探究如何描述物体转动的快慢。我们肯定要引入新的物理量！同学们讨论一下，该如何引入这个量呢？ 　　现在转动圆盘。想出来了吗？没有啊？那老师提示一下，分别画出两个圆盘的圆心 O、O′。再让它们转动起来，现在想出来了吗？还没有啊？那老师再提示一下，把两个圆心分别与 A、B 连接起来。再让它们回到红线处，转动起来。现在有什么发现啊？	【多媒体辅助技能】教师借助多媒体课件演示两个转动快慢不同的圆盘，引出线速度无法描述它们转动的快慢，为角速度的引入提供感性素材。 【语言技能】教师借助多媒体课件和教具，用逐步深入的问题，层层引导学生如何比较转动快慢，最后得到角速度的概念。 【强化技能】强化技能的运用保持了师生之间、学生之间、学生和教学材料之间的相互作用，使大多数学生的思维和行为步调相对一致地沿教学计划有序发展。

续表

时间	教学过程	技能分析
	非常好，在相等的时间内，两个圆盘半径转过的角度不等。并且，转得快的圆盘，半径转过的角度大（用手画出角度）。这样问题就得到解决了，我们可以用半径转过的角度 φ 与所用时间 t 的比值来描述物体转动的快慢，并把这个比值定义为角速度的大小，用符号 ω 表示，数学公式为 $\omega=\varphi/t$，单位为 rad/s。 　　转得快的物体角速度大，转得慢的物体角速度小。那么对于转动快慢一定的物体，它的角速度是否一定呢？ 　　现在我们回顾一下前面的问题：对于转动快慢一定的物体，虽然各点的线速度大小不一定相等，但在相等的时间 t 内，转过的角度都是 φ，即角速度相等（出现图）。因此，可以用角速度来描述物体转动的快慢。 　　最后，同学要注意了：通常线速度描述物体沿圆周运动的快慢，而角速度描述物体转动的快慢。要准确、全面地描述匀速圆周运动的快慢，我们要根据实际情况和具体要求采用合适的物理量！	

课例 4-2："描绘磁场"教案

姓名		指导教师	
片段题目	描绘磁场	重点展示技能类型	提问技能 演示技能
教学目标	1. 知道磁体周围存在磁场。 2. 知道磁体周围磁场分布情况，会用磁感线描绘磁场。		

教学过程

时间	教学过程	技能分析
	同学们，这是条形磁体磁场中的 A 点，该如何判断 A 点的磁场方向呢？ 　　对了，在该点放小磁针就可以判断了。如果不给你小磁针，还能判断吗？ 　　（不行。） 　　不行啊！要是我们能知道磁场的分布规律，不用小磁针也可以判断。那么怎样才能找出规律呢？我们可以把很多小磁针同时放到磁场中的不同点，记下每一点磁场方向，**经过分析**，就可以找出磁场的分布规律。由于磁场是由无穷多点组成的，所以放入磁场的小磁针越多越小就越容易找到规律。那我们来看一下，像这样的磁针可以吗？（普通小磁针） 　　哦！太大了，太大为什么不行呢？因为太大就覆盖了磁场中的很多点，同时也会影响该点原来的磁场。要是磁针能像细铁屑这么小就好了，但细铁屑没有磁性，怎么解决？	【提问技能】教师通过提问，把需要学习的新知识与学生已有知识和发展水平之间的潜在矛盾表面化、激烈化，激励学生运用已有知识和生活经验，积极思考、探索，去解决矛盾，获得新知识。 【演示技能】教师在小铁屑演示磁场分布的基础上，用记号笔描绘磁场方向，强化学生对磁感线的认识。

续表

时间	教学过程	技能分析
	（磁化。） 非常好，磁化！只要把细铁屑洒到条形磁铁磁场中就可以被磁化，磁化后，每一粒细铁屑就相当于一枚小磁针。现在我把细铁屑均匀撒到磁场中，这就相当于把非常多小磁针同时放入磁场中的不同点。但细铁屑不能自由转动，怎么办？  我听到有同学说敲击玻璃板。大家看，在条形磁体磁场的作用下，细铁屑有序地排列成一系列曲线。仿照它的排列，老师画出一些曲线。 好，那怎么知道曲线上这一点的磁场方向呢？根据该点上细铁屑的排列情况就可以判定了。但细铁屑太小，它的排列情况我们看不清楚，并且细铁屑没有标出 N、S 极，怎么办呢？ 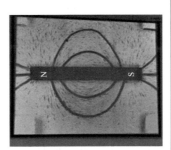 我们可以在该点上放一枚小磁针来把细铁屑放大。发现小磁针与曲线是相切的，并且它的 N 极是指向这边的，那我把该点的磁场方向画下来。由此可知，该点磁场方向是沿着曲线上这一点的切线方向。  **科学家经过更为精密的研究，也证实了这一点。**要判断曲线上其他点的磁场方向，就要在每一点都放上小磁针并用相同的方法加以判定，是不是很麻烦呢？ 如果一枚小磁针可以沿着曲线逐点移动就好了（**做手势**），因此老师特意做了这个底座透明、可以自由转动的小磁针。现在我让小磁针沿着上面两条曲线逐点移动。 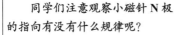 **同学们注意观察小磁针 N 极的指向有没有什么规律呢？** 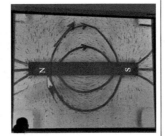 我们发现小磁针 N 极的指向是有规律的，从磁体的 N 极出发回到磁体的 S 极，我们用箭头记下来。那曲线下方的曲线呢？我们也让小磁针沿着曲线逐点移动，怎么样呀？发现小磁针 N 极的指向也是有规律的，也是从磁体的 N 极出发回到 S 极，我们也用箭头记下	【演示技能】进一步引导描绘磁感线的方向。 【演示技能】在得到磁感线分布规律后，进一步演示验证，强化学生理解。 【提问技能】磁场的描述是教学的重点也是难点，教师设计了一连串由简单到复杂、由低级到高级的问题，能够激发学生的思维，激励学生向较高的目标奋进。 良好的提问就是揭示所需要认识的事物的本质属性和引导学生解决矛盾的过程。通过提出一个个由浅入深的问题，解决一个个矛盾，可以帮助学生逐步认识事物的本质，获得新的知识。

时间	教学过程	技能分析
	来。那磁极两端的曲线呢？我们都来移动一下，发现在磁体外部，小磁针 N 极的指向都是有规律的，从磁体的 N 极出发，回到 S 极。 　　好了，现在这一系列有方向的曲线就能形象地描述条形磁体外部磁场分布规律，我们把这一系列有方向的曲线称为磁感线。并且通过这个实验，我们还可以知道条形磁体外部磁感线的大致形状。 　　现在我们可以解决前面提出的问题了：不用小磁针，如何判断 A 点的磁场方向呢？首先，根据前面实验得出的条形磁体外部磁感线的大致形状，我们可以画一条磁感线经过 A 点，标出它的方向，接着画出曲线上 A 点的切线，最后根据磁感线的走向，就可以标出 A 点的磁场方向！由于 A 点是我们任意选取的，所以根据今天学习的磁感线我们就可以判定磁场中每一点的磁场方向！	

课例 4-3："滑动摩擦力方向"教案

姓名		指导教师	
片段题目	滑动摩擦力方向	重点展示技能类型	演示技能 强化技能
教学目标	1. 通过实验了解滑动摩擦力的方向。 2. 知道摩擦力方向与物体运动方向无关。		

教学过程		

时间	教学过程	技能分析
	为了更深入地学习滑动摩擦力，请同学们判断以下三个容易混淆的说法是否正确： （1）滑动摩擦力的方向总是与运动方向相反。 （2）滑动摩擦力一定是阻力。 （3）静止的物体肯定不会受到滑动摩擦力。 　　这三种说法正确吗？为了找出答案，老师自制了教具。 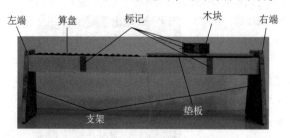 　　大家看，这是一个支架，内侧装有轨道；这是一块垫板，它可以沿着轨道在支架中自由地滑动；这是一个木块，放在垫板上，我在支架、垫板、木块上都贴有红色的标记，以便判断它们之间的相对位置。	【演示技能】教师通过规范操作实验仪器、正确记录和分析数据，可使学生了解基本仪器的使用方法、观察和记录数据的方法、分析数据并作出实验曲线的方法等。教师演示的过程是培养学生掌握正确的操作技术和观察方法的过程，也是培养学生的观察能力和实验能力的过程。

续表

时间	教学过程	技能分析
	我们先让三个标记对齐，因为支架相对于地面是静止的，可以把它看作地面。现在我迅速地向左拉动垫板，请同学们注意观察木块的运动情况，并填好下面的表格。 （见下表） 　　好，现在请大家说一说，木块的运动方向是怎样的？很好，因为木块在支架标记的左边，所以它的运动方向是向左的。那么，木块相对于垫板运动了吗？运动了；由于木块在垫板标记的右边，说明它相对于垫板的滑动方向是向右的。在这个过程中，木块有没有受到滑动摩擦力呢？根据滑动摩擦力产生的条件，发现有接触、挤压、相对滑动，并且接触面粗糙，所以木块受到滑动摩擦力的作用。那滑动摩擦力的方向呢？根据木块运动状态的改变情况来判定，因为滑动摩擦力拖着木块由静止向左运动，所以它的方向就是向左的。 　　下面我们再来做一个实验。我拉着垫板使木块与垫板一起向左运动，垫板与支架将会发生碰撞。碰前我让支架、垫板、木块三个标记对齐，请大家注意观察碰后木块的运动情况。我们看到，木块在支架标记的左边，所以木块的运动方向是向左的。那么垫板与支架碰后，木块相对于垫板运动了，因为木块在垫板标记的左边，说明木块相对于垫板的滑动方向是向左的。同理，这时木块也受到了滑动摩擦力的作用，正是这个滑动摩擦力使向左运动的木块停了下来，所以该滑动摩擦力的方向就是向右的。 　　最后，我们仍是让三个标记对齐。我将木块用细绳固定在支架的右端，然后向左拉动垫板，木块的运动情况如何呢？很明显，木块是静止的。因为木块在垫板标记的右边，说明木块相对于垫板的滑动方向是向右的。同理，木块也受到了滑动摩擦力的作用。而现在木块是静止的，木块在水平方向上还应受到绳的拉力作用。根据二力平衡，由于拉力的方向只能向右，所以滑动摩擦力的方向向左。 　　现在，请大家根据以上的实验判断一下，第一个问题对吗？有哪位同学来回答一下？ 　　（不对。） 　　为什么呢？ 　　（从表格的第二列和第四列发现滑动摩擦力的方向与运动方向可以相同也可以相反。所以，第一种说法是错的。）	【演示技能】教师根据问题，分别演示三种情况下的相对运动情况。 【演示技能】在得到初步结论的基础上，针对新的问题演示新的实验，强化对滑动摩擦力方向的认识。

实验	运动方向	相对滑动方向	滑动摩擦力方向
1	向左	向右	向左
2	向左	向左	向右
3	静止	向右	向左

续表

时间	教学过程	技能分析
	那请同学们判断，第二种说法对吗？ 　　（不对。） 　　为什么呢？ 　　（在实验一中，滑动摩擦力能拖着木块由静止向左运动，它是动力；在实验二中，滑动摩擦力使木块由运动停了下来，阻碍物体运动，它是阻力。这就说明滑动摩擦力不一定都是阻力，也可以是动力，所以第二种说法也是错的。） 　　那第三种说法对吗？ 　　（从表格的第四行发现，静止的物体也可能受到滑动摩擦力，所以第三种说法也是错的。） 　　通过实验，我们纠正了以上三个错误的认识。在前面的实验中，我们是根据木块运动状态的改变情况或二力平衡来判断滑动摩擦力的方向。这种方法很麻烦，我们发现这个教具还有一个更大的作用，可以更为简便地判断滑动摩擦力的方向。请同学们进一步对表格进行分析。 　　刚才我们已经分析过了，滑动摩擦力的方向与运动方向可以相同也可以相反，因此不能通过运动方向来判断滑动摩擦力的方向。但是，请同学们注意观察表格的第三列和第四列，有什么发现呢？ 　　我们惊奇地发现，当滑动摩擦力方向向左时，相对滑动方向向右，当滑动摩擦力方向向右时，相对滑动方向向左。滑动摩擦力的方向与相对滑动方向总是相反的，也就是定义中的阻碍物体的相对滑动。我们只要知道物体间的相对滑动方向，就可以判断出滑动摩擦力的方向。科学家还发现，滑动摩擦力的方向总与接触面相切。	【强化技能】教师通过组织教学过程中的情境呈现，使学生对其做出反应，如果教师没有给予反馈，则学生的认识尝试活动会失去方向和动力。这样教学环节便失去控制，学生的思维活动变得混乱。强化技能的运用保持了师生之间、学生之间、学生和教学材料之间的相互作用，使大多数学生的思维和行为步调相对一致地沿教学计划有序发展。

规律讲解参考教学设计

课例 4-4："超重与失重"教案

姓名		指导教师	
片段题目	超重与失重	重点展示技能类型	语言技能 强化技能
教学目标	1. 知道超重与失重的含义。 2. 知道超重与失重产生的原因。 3. 能够判断物体超重和失重的状态。		

教学过程		
时间	教学过程	技能分析
	同学们，我们知道当 $a=0$ 时，弹簧测力计或磅秤的示数才表示物体重力的大小。我们把结果填入老师设计的表格当中。 当物体做变速运动，也就是 a 不等于 0 时，弹簧测力计和磅秤的读数还等于重力吗？下面我们通过实验进行探究。 大家看，这是一根挂着重物的细线，现在物体处于静止状态，此时细线的拉力等于物体的重力。请大家思考一下：如何只用这一只手就可以将细线弄断？（注意细线不能收回） 你来说说看。他说可以迅速竖直向上拉细线将它弄断，我们来试一下。（演示） 非常成功，细线真的断了。那细线是在什么时候断的呢？老师再做一次，请同学们认真观察。 对了，细线在刚提起时断的，也就是在物体加速上升阶段细线断了。这是为什么呢？我们一起来分析一下。 当物体向上加速时，速度由 0 增大到 v，速度方向向上，加速度方向也向上。（边板书边讲解） 取竖直向上为正方向。 根据牛顿第二定律，得出 $T-G=ma$，所以 $T=G+ma>G$。 根据牛顿第三定律，物体对细线的拉力 $T'=T>G$。 从公式可以看出，T' 随着 a 的增大而增大，当 a 足够大，T' 超过细线所能承受的最大拉力时，细线就断了。 如果把细线换成弹簧测力计，当物体做加速上升时，弹簧测力计的读数还等于重力吗？（弹簧演示）不等于重力，而是大于重力。我们把结果填入表格。 当物体向下运动时，细线会断吗？老师来演示一下。（演示实验） 细线断了！ 细线什么时候断了呢？是在物体快停下时断了，也就是向下减速阶段断的。 请同学们自己分析原因，并填入表格。 对了，此时是向下减速，速度方向向下，加速度方向向上，$T'>G$。 大家的桌上都有一个手电筒。接通开关，灯泡亮了。现在我们将手电筒后盖旋松，灯泡还亮吗？ 为什么？因为电池与灯泡断开了，所以灯泡不亮了。	【演示技能】演示实验中展示了许多有趣、新颖、惊奇的物理现象，教师在演示中又创设教学情境，巧设疑问，把这种外部诱因作用于学生，使其产生内部需要，激发了学习兴趣，提高了他们的学习积极性，从而把学习积极性引向具体的学习目标。 【板书语言技能】由于课堂讲解瞬息即逝，学生仅凭听讲而要理解一堂课教学内容的全貌（尤其是物理知识之间的内部结构和各部分之间的逻辑联系），以及一些严谨的物理概念和规律是比较困难的。但有了科学、合理的板书，这个困难就迎刃而解了。学生根据教师板书的分析，很好地跟随教师的思路，理解物理的过程，领会物理规律和概念的内涵。 【强化技能】在演示上拉后，教师继续演示向下运动的情况，细线仍然会断。营造了认知冲突，强化了学生学习兴趣。

时间	教学过程	技能分析
	请大家思考一下，如果只用这只手能使灯泡再次发光吗？ 他说可以把手电筒迅速向上提起，我们来看一看。（实验）灯泡亮了！小灯泡是在什么时候亮的呢？老师再做一次，请同学们注意观察。（再来一次）灯泡是在快停下时，也就是向上减速阶段亮的。 师：这是为什么呢？ 当手电筒向上减速时，它的速度由 $v \to 0$，速度方向向上，加速度方向向下。 取竖直向下为正方向。 根据牛顿第二定律可得 $G-N=ma$，所以 $N=G-ma<G$。 根据牛顿第三定律可知，电池对底部弹簧的压力 $N'=N<G$。 从上式还可知，N' 随着 a 的增大而减小，当 a 够大时，N' 就比较小。根据胡克定律，弹簧的压缩量就减小了，弹簧变长了，把电池向上压紧，形成通路，灯泡恢复发光。 如果把弹簧换成磅秤，当它们向上减速时，磅秤的读数还等于重力吗？ 对了，是小于重力。我们把结果填入表格。 如果我让手电筒向下运动，灯泡会亮吗？（实验）会亮。是在什么时候亮的呢？请大家注意观察。手电筒是在刚开始向下运动时，也就是向下加速阶段亮的。 这是为什么呢？大家自己分析一下，并将结论填入表格。 我们一起来分析表格。 （1）当 $a=0$ 时，T'（或 N'）才等于重力。 （2）当 $a \neq 0$ 时，T'（或 N'）可能大于或小于 G，在物理学中，我们把物体对悬挂物的拉力（或对支持物的压力）大于物体重力的现象称为超重，而小于物体重力的现象称为失重。 （3）物体超重、失重与物体的速度方向有没有关系？ 超重时，速度方向可能向上，也可能向下；而失重时，速度方向可能向下，也可能向上；所以超重、失重与速度方向无关。 （4）超重、失重跟什么有关呢？我们发现，当加速度向上时，出现超重现象；当加速度向下时，出现失重现象，所以是与加速度的方向有关。 现在我们可以把这四条结论综合成一句话： 当 a 向上时，出现超重现象；当 a 向下时，出现失重现象。 现在请大家思考一下：当物体发生超重、失重现象时，重力大小变了吗？为什么？	【语言技能】教师边演示边分析。 【板书技能】教师设计表格，将实验过程填入表格，对比分析得出结论。

续表

时间	教学过程	技能分析
	不变，因为重力 $G=mg$，在发生超重、失重现象时，物体的质量 m 和重力加速度 g 都不变，所以重力不变。 对于失重现象，$N'=G-ma<G$，不难看出，当 $a=g$ 时，$N'=0$，这种情况称为完全失重。 此时，一切由重力产生的现象完全消失，如摆球停摆（"神舟十号"图片），液滴呈绝对的球形（图片）等。在太空完全失重的环境中，就可以制造出很长的、直径只有几十微米的玻璃纤维（图片），制成又轻又结实的泡沫金属，可以用来制造飞机机翼等，在科技上有重大的应用。	【强化技能】教师通过组织教学过程中的情境呈现，使学生对其做出反应。如果教师没有给予反馈，则学生的认识尝试活动会失去方向和动力。这样教学环节便失去控制，学生的思维活动变得混乱。强化技能的运用保持了师生之间、学生之间、学生和教学材料之间的相互作用，使大多数学生的思维和行为步调相对一致地沿教学计划有序发展。

课例 4-5："光的反射"教案

姓名		指导教师	
片段题目	光的反射	重点展示技能类型	提问技能 演示技能
教学目标	1. 知道入射光线、法线和反射光线在同一个平面。 2. 知道入射光和反射光分居法线两侧。 3. 知道反射角等于入射角。		

教学过程		
时间	教学过程	技能分析
	现在请同学们思考一个问题，老师给你一面平面镜和一束入射光，你们能确定反射光的位置吗？（板书：光的反射定律） 这个问题似乎有点困难。那下面我们就一起通过一个实验来探究一下光的反射究竟具有什么规律。为了探究反射规律，首先我们要有反射现象。我们至少需要哪些东西？ （入射光和平面镜。） 很好。但仅仅这样，我们能够确定出反射光的位置吗？要想确定反射光的位置，我们总要看得到它。今天老师给大家带来一个实验仪器。这是一块半圆形的白板，白板的一边固定在底座上，另一半可以绕着中间这条轴旋转。在白板的相应位置上还标记度数，其作用相当于一个量角器。但与量角器不同的是，它的零刻度线在中间这个位置。现在我将平面镜放置在中轴线和底座相交的位置，将激光笔对准中轴线和底座的交点。（打开激光笔）怎么样？大家能看到反射光了吗？	【提问技能】教师借助一连串由简单到复杂、由低级到高级的问题，激发学生的思维，激励学生向较高的目标奋进。良好的提问就是揭示所需要认识的事物的本质属性和引导学生解决矛盾的过程。通过提出一个个由浅入深的问题，解决一个个矛盾，可以帮助学生逐步认识事物的本质，获得新的知识。

续表

时间	教学过程	技能分析
	（看到了。） 　　那么我们该如何确定反射光的位置呢？我们知道，光的反射是在空间中发生的，而空间又是由无数个平面组成的。仅仅刚刚这一次能看到反射光线，我们就能确定反射光只在这个平面上有吗？ 　　（不能。） 　　那该怎么办呢？ 　　（旋转白板，看看在什么位置白板上会出现反射光。） 　　非常好！那我们就一起来试试。现在我首先将这半块白板和固定的这半块白板重合。然后慢慢旋转一个小角度，现在能够看到反射光吗？ 　　（不能。） 　　那我再旋转一点，有吗？ 　　（没有。） 　　好，那下面我缓慢地旋转白板90°，请同学们注意观察，在什么位置看到反射光？（教师演示实验） 　　我们发现了什么？ 　　（当两块白板在同一平面上时，我们能看到反射光。） 　　可见，反射光确实只会在一个平面上。那么我们该如何表示这个平面呢？ 　　我们知道，两条相交的直线能确定一个平面，而现在我们已知入射光了，还需要一条直线。为此，我们引入法线这条直线。我们将过入射点 O，垂直于反射平面的这条直线命名为法线。在这个仪器中，就是这条中轴线了。[教师板书：1. 入射光线、法线和反射光线在同一个平面（三线共面）] 　　现在我们已经成功地将反射光的位置缩小到一个平面上了。我们能否进一步缩小范围呢？ 　　通过刚刚实验观察，我们会发现，反射光和入射光好像总是出现在法线两侧，真的是这样吗？我们试试看。下面我将入射光换到右半平面，怎么样，发现了什么？ 　　（反射光就跑到了左边。） 　　对，反射光出现在平面的左半边。我们再多试几次。 　　可见，反射光和入射光确实是分居法线两侧的。这样我们就又成功地将反射光的位置缩小到这半个平面上了。[教师板书：2. 入射光和反射光分居法线两侧（法线居中）]	【演示技能】演示教学中，教师通过规范操作实验仪器、正确记录和分析数据，可使学生了解基本仪器的使用方法、观察和记录数据的方法、分析数据并作出实验曲线的方法等。教师演示的过程是培养学生掌握正确的操作技术和观察方法的过程，也是培养学生的观察能力和实验能力的过程。演示实验中教师在直观观察的基础上提出问题，控制变量，直到完成抽象概括的过程，使学生了解了物理学研究方法，培养了学生从实际出发、尊重客观事实和实事求是的科学态度。

续表

时间	教学过程	技能分析
	但这样还是无法确定反射光的位置。怎么办？既然入射光和反射光分居法线两侧，那它们的位置与法线之间会有什么关系呢？为了探究这个问题，我们引入入射角和反射角的概念。我们将入射线与法线之间的夹角称为入射角 i，反射光线与法线之间的夹角称为反射角 r。现在我使入射角分别为 30°、45° 和 60°，请大家注意观察反射角的角度。（教师演示）你们发现了什么？ 　　（学生读数，教师同时完成事先画好的表格。） 　　有同学说，老师你这个都是特殊角，那是不是只有特殊角度才是这种结果呢？接下来老师任意选取一个入射角，也请同学帮老师读出入射角和反射角的读数大概是多少。 　　（学生读数。） 　　同学们发现了什么？不管老师取多大的入射角，反射角总是等于入射角的。 　　这也就是光反射的第三个规律了。这里老师要强调一点，一般来说，我们不能说入射角等于反射角，这个因果关系要明确，有了入射光，才会有反射光。所以第三个规律是反射角等于入射角。[教师板书：3. 反射角等于入射角（两角相等）] 　　通过这三个规律，我们就能成功地确定反射光的位置了。	

实验讲解参考教学设计

课例 4-6："压强" 教案

姓名		指导教师	
片段题目	压强	重点展示技能类型	提问技能 强化技能
教学目标	1. 知道压强与哪些因素有关。 2. 知道压强大小与正压力成正比，与受力面积成反比。		
教学过程			

时间	教学过程	技能分析
	大家看，这是骆驼站立在沙漠上时留下的脚印，这个脚印就是骆驼对沙漠施加的压力所产生的作用效果；这个脚印是牵骆驼的人对沙漠施加的压力所产生的作用效果（人的脚印太深，重新拍）。那同学们观察骆驼和人的脚印，有什么想法呢？ 　　（骆驼比人重得多，为什么它的脚印比人更浅呢？） 　　很好。要解决这位同学的问题，我们就必须研究压力的作用效果与什么因素有关。大家可以根据生活经验来猜想一下。	【多媒体辅助技能】教师借助多媒体手段展示骆驼和人的脚印，对比它们的质量大小，引出研究的课题：压力的作用效果。

时间	教学过程	技能分析
	（生1：我觉得压力的作用效果可能与压力的大小有关。） （生2：我觉得压力的作用效果可能与受力面积的大小有关。） 　　很好，大家的猜想都合理，是否正确呢？我们必须通过实验来验证。 　　我们猜想影响压力作用效果的因素有两个，这就要求我们在设计实验的时候要采用控制变量法。具体应该怎样控制变量呢？ 　　（当我们探究压力作用效果与压力大小的关系时，应该控制受力面积一定，改变压力大小；当我们探究压力作用效果与受力面积的关系时，应该控制压力一定，改变受力面积。） 　　很好，老师今天给每个小组都准备了一个装在盒子里的海绵，还有三个金属块。请大家利用上面的器材自主设计并完成实验。老师提示一下： 　　（1）我们该如何控制受力面积（或压力）一定，来改变压力（或受力面积）的大小（变为两点）？ 　　（2）我们如何知道压力的作用效果？ 　　请这组同学说说你们是怎么做的。 　　（我先探究的是压力作用效果与压力大小的关系：第一次在海绵上平放一金属块。第二次再叠上一块，然后又叠上一块，这样就改变了压力大小。因为是同一金属块与海绵接触，保证了受力面积一定。发现压力越大，海绵的形变程度就越大，从而得出：当受力面积一定时，压力越大，压力的作用效果就越明显。） 　　（在探究压力的作用效果与受力面积的关系时，我第一次将金属块平放在海绵上，第二次将同一金属块侧放在海绵上，第三次竖放在海绵上，这样就改变了受力面积。又因为我用的是同一金属块，所以压力就一定了。对比海绵的形变程度，发现当压力一定时，受力面积越小，压力的作用效果就越明显。） 　　显然，刚才的两种情况都比较特殊，要么是压力相同，要么是受力面积相同。对于这种特殊的情况，我们已经知道如何比较压力的作用效果。然而在生活中，压力和受力面积都不相同的情况是更为普遍的，这又是一个未知的问题。请大家开动脑筋想一想，如何利用特殊情况解决普遍问题，利用已知知识解决未知问题呢？ 　　我听到有同学说可以根据结论1想出，把受力面积变成相同来比较压力。也就是可以将受力面积都变为单位面积，比较所受到的压力大小，即用比值F/S（板书）来表示压力的作用效果。比值越大，压力的作用效果就越明显。 　　大家思考一下，能不能反过来，用S/F来比较压力的作用效果呢？	【提问技能】提问的设计一般是以已有知识为基础，可以促进学生及时复习巩固已有知识，使新旧知识联系起来，形成良好的知识结构，系统地掌握知识。 　　教师通过提问，把需要学习的新知识与学生已有知识和发展水平之间的潜在矛盾表面化、激烈化，激励学生运用已有知识和生活经验，积极思考、探索，去解决矛盾，获得新知识。 【演示技能】通过实验演示，为学生提供丰富的直观感性材料，有利于突破难点和重点，促进学生理解和巩固知识，加快教学过程，提高课堂教学效率。

续表

时间	教学过程	技能分析
	我们来分析看看。S/F 就是把压力都变为单位压力，来比较受力面积的大小，比值越小，压力的作用效果就越明显。也就是利用了刚才的结论 2 想出的。 这两种方法都是对的。根据思维常规，总是习惯用比值大的表示作用效果明显的。所以，物理学中用 F/S 来表示压力的作用效果，并把它定义为压强。像这样用已知物理量的比值来定义新的物理量是建立物理概念常用的方法，称为比值定义法。在压强公式中，我们通常用牛顿（N）作为压力的单位，用平方米（m^2）作为受力面积的单位，那么压强的单位就是牛顿每平方米。为了纪念伟大的物理学家帕斯卡，用他的名字作为压强的单位，写作 Pa。$1Pa=1N/m^2$。 最后请同学们思考：把一个静止放在水平桌面上的物块切去一部分，怎么切能使它对桌面的压强变为原来的二分之一？怎么切能使它对桌面的压强不变？怎么切能使它对桌面的压强变为原来的两倍？ 方法很多，我们来分析其中的一种。这个物块是静止放在水平桌面上的，它的压力等于重力。 如果我们从中间竖直切：根据 $p=F/S$，它的重力减小一半的同时，受力面积也减小为原来的一半，所以它们的比值——压强是不变的。 如果我们从中间水平切：它的重力减小了一半，而受力面积是不变的，根据 $p=F/S$，它对桌面的压强就变为原来的一半了。 如果我们把物块三等分，沿旁边两块的对角线切下去，重力减小为原来的三分之二，而受力面积却减小为原来的三分之一，压强变为原来的两倍。	【强化技能】教师首先对两种方案都给予肯定，都能体现压力的作用效果，然后选择"思维常规"的做法符合学生预期，强化了他们的研究方法和过程。

课例 4-7："电功"教案

姓名		指导教师	
片段题目	电功	重点展示技能类型	提问技能 演示技能
教学目标			

教学目标	1. 知道电流做功与哪些因素有关。 2. 知道用控制变量法研究电功大小的影响因素。 3. 知道电功 $W=UIt$。

教学过程		
时间	教学过程	技能分析
	同学们，下面我们以电阻丝为研究对象，探究电功与电压、电流、通电时间是否有关。 首先要把这四个量都测出来，电压、电流、时间在实验室中都可以用仪器测量，唯独电功没办法直接测量，所以我们要用间接测量法。	

时间	教学过程	技能分析
	电阻丝通电后，电流做功，电能全部转化为内能。只要测出电阻丝内能的增加量，（$W = \Delta E$）也就测得了电功。但电阻丝内能的增加量也没办法直接测量，怎么办？这里我们就要用到第二次间接测量法。如果老师提供一瓶煤油，大家讨论一下能不能利用煤油把电阻丝内能的增加量测出来。 　　很好，可以将电阻丝浸没在煤油中（加课件），电阻丝通电后内能增加，温度升高，煤油就会从电阻丝吸热，若不计热量损失，只要知道煤油吸收的热量，就可以间接知道电阻丝内能的增加量，也就知道了电功的多少，即 $W = \Delta E = Q$。那又该怎样测得煤油吸收的热量呢？ 　　对，可以通过公式 $Q = cm(T - T_0)$ 求得。比热容 c 可以直接查表，质量 m 可以用天平测，温度差 $T - T_0$ 可以用温度计测。现在每个量都可以测，实验就可以进行。 　　我们要研究电功是否与 U、I、t 这三个因素有关。那我们要利用什么方法呢？对了，控制变量法。 　　如果我们研究 W 与 t 的关系，仅用一段电阻丝（拿出实物），就可以控制 U 和 I 不变，而改变 t。 　　但是如果我们要研究 W 与 U 的关系，只用一段电阻丝可以吗？ 　　很好，显然不行，因为对同一段电阻丝，两端的 U 改变，I 肯定变，无法控制变量。因此，还需要利用另一段电阻丝（拿出实物），也浸没在同样质量的煤油中，我们让两瓶煤油的质量相等。那么怎样做到 I 相同呢？ 　　对，只要将这两段电阻丝串联起来，I 就相同。那如何使 U 不同呢？对，应该选用阻值不同的电阻丝。老师事先已经把两段阻值不同的电阻丝 R_1、R_2 串联在这个电路中了。（揭开布，呈现仪器）怎样测出 U_1、U_2？这里我们选用两个数字电压表，分别用来测量 U_1、U_2。那如何控制通电时间相同呢？只要用这个开关就可以了。 　　如何比较 W_1 和 W_2 的大小？（课件）根据 $W_1 = cm(T_1 - T_0)$、$W_2 = cm(T_2 - T_0)$，这两杯煤油的比热容、质量和初温都相同，所以要比较 W_1、W_2，只要比较煤油的末温 T_1、T_2 就行了。为了测末温 T_1、T_2，我们选用两支热敏温度计，分别用来测量 T_1、T_2。实验的记录表格设计如下：	【语言技能】教师直接点明如何测量这些物理量，遇到无法直接测量的量应该怎么办，在引导分析中得到研究方案。 【提问技能】通过对实验过程中具体操作细节的追问，帮助学生明晰实验操作过程，以及实验数据能够体现的结论。

表一

电阻	R_1	R_2	比较
电压	U_1	U_2	$U_1 > U_2$
煤油末温	T_1	T_2	$T_1 > T_2$

时间	教学过程	技能分析
	接下来我们再来设计 W 与 I 的关系实验,如何控制 U 和 t 相同,而 I 不同呢?这位同学你来说说看。(注意停顿) 很好,受刚才的启发,我们把两根阻值不同的电阻丝并联,老师事先已经将阻值不同的 R_3 和 R_4 并联在这个电路中(揭开另一块布)。用数字电流表测出 I_3、I_4,用热敏温度计测出末温 T_3、T_4 就行了。这是实验装置,实验表格设计如下:	【板书技能】教师设计表格记录实验数据,分析数据得出实验结论。

表二

电阻	R_3	R_4	比较
电流	I_3	I_4	$I_3 > I_4$
煤油末温	T_3	T_4	$T_3 > T_4$

时间	教学过程	技能分析
	好,现在我们同时开始做两个实验,把开关闭合,先观察 W 与 U 关系的实验。U_1 为……,U_2 为……,发现 $U_1>U_2$(课件填表);再看 W 与 I 关系的实验,I_1 为……,I_2 为……,发现 $I_3>I_4$。好,现在大家注意观察,随着通电时间的增加,煤油温度不断上升。最后我们来测煤油的末温。我们同时把这两个开关断开,当煤油的温度不再升高时,读出这边的末温,T_1 为……,T_2 为……,显然 $T_1>T_2$(填高低)。再观察这边实验的末温,T_3 为……,T_4 为……,显然 T_3 也大于 T_4。(边讲边填表) 现在来分析表一:$T_1>T_2$,可知 $W_1>W_2$。由于 U 改变,W 也改变,说明 W 与 U 有关,U 越大,W 也越大。 分析表二:$T_3>T_4$,可知 $W_3>W_4$。说明 W 与 I 也有关,I 越大,W 也越大。 最后还要研究 W 与 t 的关系,有没有必要再做实验呢?没必要。在刚才的实验中都发现,电阻丝在加热过程中,随着通电时间 t 的增大,温度不断升高,即 t 越大,W 就越大。(板书:一、W 与 U、I、t 有关) 上面我们研究出了 W 与 U、I、t 的定性关系,科学家通过更精确的实验发现 $W=UIt$。(板书:二、$W=UIt$) 最后请同学们思考:能不能根据欧姆定律,把 $W=UIt$ 改写成后面这两种形式? 可以啊?请大家看一个实验:这是一台电枢电阻为 3.5Ω 的电动机,用手抓住转动轴,再接通电源,电动机不转,此时为纯电阻电路,电压为……,电流为……,发现 $I=U/R$,欧姆定律成立,电功可以改写成电热;如果松开手,电动机转动了,大家猜猜电压怎么变。我们发现电压变大了,由于电动机电枢的电阻不变,电压变大,电流应该也会变大。我们一起来看下电流(打开开关),我们惊奇地发现电流竟然减小了。显然,欧姆定律不成立,电功不能改写成电热。	【板书技能】教师设计表格记录实验数据,分析数据得出实验结论。由于课堂讲解瞬息即逝,学生仅凭听讲而要理解一堂课教学内容的全貌(尤其是物理知识之间的内部结构和各部分之间的逻辑联系),以及一些严谨的物理概念和规律是比较困难的。但有了科学、合理的板书,这个困难就迎刃而解了。学生根据教师板书的分析,很好地跟随教师的思路,理解物理的过程,领会物理规律和概念的内涵。

续表

时间	教学过程	技能分析
	我们再从能量转换的角度来解释刚才的实验。当电动机不转时，电能全部转化为内能，电功等于电热。而当电动机转动时，电能除了转化为内能外，还转化为机械能，电功不等于电热。由此可见：电功和电热是两个不同的概念！	【演示技能】演示教学中，教师通过规范操作实验仪器、正确记录和分析数据，可使学生了解基本仪器的使用方法、观察和记录数据的方法、分析数据并作出实验曲线的方法等。教师演示的过程是培养学生掌握正确的操作技术和观察方法的过程，也是培养学生的观察能力和实验能力的过程。 演示实验中，教师在直观观察的基础上提出问题，控制变量，直到完成抽象概括的过程，使学生了解物理学研究方法，培养学生从实际出发、尊重客观事实和实事求是的科学态度。

 主题帮助四、促使学生参与

　　讲解不应只是教学信息由教师到学生的单向传递，而应是师生间、学生间信息与情感的双向交流。因此，讲解过程离不开学生的主动参与。如何使学生从被动转为主动接受教学信息，其中介就是促使学生主动参与教师的讲解活动，在教师启发引导下积极地思考。学生主动地参与教师的讲解活动，不仅可以提高教师的讲解效果，而且有利于知识的保持和思维能力、科学方法的培养。

　　在讲解过程中，要促使学生主动参与，一般可以通过设置系列问题、创设问题情境进行；也可通过启发引导学生进行新旧知识的联系进行；还可通过运用各种语言，尤其是体态语言，与学生进行情感交流，促使学生参与。要善于通过各种方式获取学生的反馈信息，注意调控讲解过程。

 主题帮助五、使用例证

　　讲解本身是一个说理过程。使用贴切的例证，列举与所讲内容紧密相关的基础理论和事实作为例证，能将事实或学生的经验与新知识、新概念联系起来，同时更能促使学生对所讲解问题的理解与掌握。

在物理课堂教学中，要让学生理解与掌握物理知识，光靠教师讲解，单纯地进行推理是不行的。这样讲课空洞枯燥，学生听起来感到乏味，对问题也不好理解。如何将理论与实际结合得更密切呢？讲课时使用例证是很好的办法。例证——典型的、最好是学生熟悉的例子，这些例子可以帮助教师把枯燥的、难以理解的知识讲生动，与学生所见所闻联系在一起。例证是理论联系实际的良好纽带。

例如，在一个关于加速度教学的课例中，教学的最后一个环节"尝试运用"，列举生活中几种交通工具运动时的数据，使学生能运用所学的知识解决实际生活中的问题，实现理论与实际的结合。又如，在自由落体运动规律的教学中讲到规律的应用时，可以请学生估算从三楼阳台上下落的花盆，经过多长时间到达地面，到达地面的速度多大，让学生体验物理现象就在我们身边，体验自由落体运动的快慢。在学生解题的过程中，教师应教给学生估算楼高的方法，知道每层楼高；解题之后应对结论进行进一步讨论，如进入工地为什么必须戴上安全帽等实际问题。

 主题帮助六、演示改进

1. 提高演示实验的生动性

设计和选择演示实验要尽量做到生动、有趣。这样的演示实验能够最大限度地调动学生学习物理的积极性，充分发挥学生非智力因素的潜能，留给学生的印象也是终生难忘的。

学起于思、思起于疑。设计演示实验应以"趣""疑""难"为诱因，趣中涉疑，发掘问题；疑中涉难，引导思维，造成一个向未知境界不断探索的学习环境。生动的中学物理演示实验是举不胜举的，如"筷子提米""纸锅烧水""一纸托千斤""一指断铁丝""打不死的李逵"等。正像美味的菜肴总是注重色、香、味俱全，同时作用于人们的多种感官，使人产生美的感受，演示实验也要尽量有声有色，如用鸡蛋演示物体的惯性、保险丝的熔断、尖端放电等，都是典型的例子。

必须指出：演示实验的生动性绝不等同于哗众取宠，绝不允许低级、庸俗的内容进入神圣的课堂，生动性必须服从于科学性。

2. 增强演示实验的科学性

演示实验的科学性问题有丰富的内涵，每个演示实验的目的要求是否紧紧围绕教学内容，教师实验操作是否规范，演示实验的操作如何与推理相结合，演示的方式方法是否合适等，都属于科学性的范畴。根据不同的教学目的、要求和教材的内容、特点，以及学生的实际状况决定的演示实验有以下几种常见方式。

1）单个实验的独立演示方法

单个实验一般只能起一种作用。演示时首先要介绍实验的装置，给学生指明观察的对象和重点，还要引导学生在观察现象的基础上进行思维加工。

2）多个实验的综合演示方法

多个实验从不同角度、不同侧面阐述同一教学内容，通过分析和推理，建立概念或导出规律。这类演示对每一个实验都要有具体的目的，并安排好实验的顺序和方法。首先把直观的材料作为培养学生知觉、观察力的材料，引导学生仔细、准确地进行观察，训练学生用科学的语言描述，并解释所观察到的现象，得出应有的结论。

一堂课的演示实验是多一些好，还是少一些好？这应该根据课题的特点来确定。有些概念和规律是从大量的物理现象中归纳、概括出来的，用较少的演示实验不足以形成概念或导出规律，这时就要多选几个典型的、效果显著的演示实验。至于一般的课题，精选一个最能说明问题的演示实验即可。实践证明，缺少必要的演示手段，缺少感性认识，不利于物理模型、过程的想象，一个成功的演示可以减少许多烦琐的叙述，而过多的不必要的演示反而会冲淡主题，抑制学生的抽象思维。

3）同一实验装置的程序演示方法

有些较难理解的概念、原理、理论或定律要用同一实验装置，采用程序演示方法。就是说在教学过程中的不同环节，重复做两三次实验，或者改变情况（或条件）再做一些实验。例如，自感现象这一课题就可采用通电自感演示—分析—断路自感演示—再分析—再实验（把通电自感和断路自感重新演示一遍）的程序演示法，导出自感现象的概念。又如，电磁感应现象这一课题可采用实验—分析—再实验—再分析的程序演示法。

3. 重视演示实验的安全性

安全性包括人身安全和仪器安全两个方面。无论教师是在实验室准备演示实验还是在教室里进行操作表演，一定要遵守安全操作规程，防止和杜绝任何事故的发生。对于涉及高温、高压、强电流、易燃、易爆和剧毒的演示实验，必须采取相应的保护措施。教师在操作时也要注意安全。例如，由于教师的操作技术不高或粗枝大叶，实验中的玻璃器件突然破碎，也有可能给师生的健康带来危害。总之，对演示实验的安全性切不可掉以轻心。

4. 加强自制教学仪器的主动性

自制教学仪器（包括教具和学具）不仅是当前解决许多农村中学缺少仪器的矛盾和急需的有效途径，同时也是科学家的优良传统，对于丰富第二课堂的内容，调动师生的积极性，培养学生实践能力、发展创造精神，及早发现人才、造就人才具有极大的作用。

5. 提高演示实验教学研究的自觉性

随着教学改革的深入，中学物理演示实验也在不断地发展。为了适应这一发展的趋势，教师必须积极开展演示实验的研究。

1）设计思想的研究

能否设计出一个好的演示实验，或者能否发挥一个演示实验的作用，首先在于深入分析它的设计思想，即从物理学的理论、思想、方法和教学论的思想方法发掘演示实验本身的潜在意义，研究组织实验教学的规律。

2）提高已有演示实验效果的研究

这是一种最常见和大量进行的研究，不要认为已有的演示实验没有什么可研究的了。例如，仪器设备是否能达到预定的教学要求；如何不断进行更新；怎样更好地改进演示程序，运用现有的演示仪器提高演示效果等，都值得深入研究。为适应教学改革的要求，必须大力改进演示方法，提高演示效果。

3）填补演示实验空白、突破教学难点的专题研究

某些重要的物理概念和规律需要用演示来帮助学生认识，然而有时教学中还缺少这样的实验，需要进行研究和设计。例如，建立电场强度、磁感应强度等概念的演示实验目前还比较缺乏。还有一些物理学史中的重要历史实验，如库仑扭秤、罗兰实验、密立根油滴实验等，目前尚无简单有效的仪器可以演示，这也需要教师研究或设计出相应的教学仪器，或用模拟的方法来解决困难。

特别要提出的是，教师要努力开发一些突破教学难点的演示。对此，站在教学第一线的教师最有条件开展。为了研究这些课题，必须研究教材中哪些地方学生感到抽象、容易混淆、接受困难，并结合教学研究解决的方法。从教材总体上看，目前原子物理学方面的演示非常少，这部分内容涉及微观结构，比较抽象，有待研究。此外，努力开发一些直观的演示，以利于在教学中引进近代物理学的某些思想方法和现代科学的新成就（如用激光或电子器件），可以促进教学内容的改革，因此也是重要的研究课题。

4）多种演示手段和替代性实验的研究

利用常用仪器、教具进行演示是一种最基本的手段。此外，还可以随着教学改革的深入，利用投影手段，结合实验内容的教学电影、电视录像及微型电子计算机进行模拟演示等。这些手段之间应当如何配合；如何发挥每一手段在演示中的特殊作用；为了解决仪器的暂时不足，还需要设计多种替代性实验，这些都是值得大力研究的课题。

行动六、评价提高

在各行动过程中，涉及多次的评价和反思，讲解教学微格训练中，小组可以参考表 4-1 的评价项目，在各行动环节中对学员进行评价，学员也可根据该表进行自我评价和反思。

表 4-1　讲解教学微格训练评价记录表

讲课人姓名		学号		日期	
教学内容					
项目及分值	教学技能与评价标准			得分	备注
教学设计（20分）	教学目标恰当，教学方法使用合理，教学内容正确，教学过程体现了如何突出重点、突破难点。导入合理有效，教学过程的设计有一定个人见解和创新。				
教学语言（20分）	科学术语准确，普通话标准、简洁、流畅，音量、语速、节奏适当，无口头禅；语调有变化，语言有感染力；讲解能抓住关键，条理清楚、逻辑性强，讲解注意促使学生参与。				
提问技能（15分）	问题的设计符合教学内容，目的明确，启发学生思维；问题陈述准确、清楚，并能引导启发学生回答。				
演示技能（15分）	演示过程设计科学合理，能启发思维；演示注重教给学生观察的方法和实验的方法；实验操作规范，步骤清楚，示范性好；演示准备充分，实验现象明显。				
变化技能和多媒体辅助技能（10分）	能根据教学情况灵活、合理地变化教态、媒体、节奏、师生相互作用的方式；师生情感交流一致，各种媒体应用合理娴熟，变化自然。				

续表

项目及分值	教学技能与评价标准	得分	备注
强化技能与组织管理技能（10分）	教师的组织和管理使课堂各项教学活动紧紧围绕教学目标；能通过恰当的语言、动作等强化学生学习动机；适当组织学生听课、讨论、实验等。		
板书技能（10分）	板书板画与讲解配合，时间先后合理；文字与图表规范、工整，书写速度恰当；板书安排合理，直观形象，具有启发性。		
总得分			

点评教师签字：

第五章　物理教学结束微格训练

第一节　物理教学结束概述

导入是"起调"，结束是"终曲"，完美的教学必须做到善始善终。因此，结束技能与导入技能一样，是衡量教师教学艺术水平的重要标志之一。结束技能不仅广泛地应用于一节新课讲完、一章学完，也经常应用于讲授新概念、新知识的结尾。

结束技能是教师在一个教学内容结束或课堂教学任务终了阶段，通过重复强调、归纳总结、实践活动、转化升华等方式，回顾与概括所讲主要内容，强化学生学习兴趣，使新知识稳固地纳入学生的认知结构中的教学行为。结束技能的应用能及时反馈教与学的效果，让学生体会掌握新知识的愉悦感；利用结束技能，教师还可设置悬念，促使学生的思维活动深入展开，诱发继续学习的积极性。

由于每节课的教学任务不同，结束的方式也就有所不同。课堂教学的结束通常有封闭型和开放型两种形式。

封闭型结束常用于一章、一节或一课时等比较完整、系统的教学之后，使教师能把比较系统的知识要点简明地交代给学生。教师精要的小结、完善的结尾起到画龙点睛的作用，使学生所学的知识系统化，并加深记忆、强化巩固。

开放型结束大多用于一章、一节、一课时的教学活动中间，下节课是这节课的继续和延伸。教师往往以提出问题，鼓励学生积极探索作为一节课的结束。其目的在于激发学生的求知欲望，调动学生学习的积极性，使学生运用联想和发散思维扩大已有的知识结构，做到情理融合、知行合一，起到陶冶情操、发展智力、培养能力的作用。

一、教学结束的作用

知识的掌握是指知识传递系统中学生对知识的接受及理解，包括知识的领会、巩固和应用三个环节。知识的掌握即通过一系列的心智活动，在头脑中建立起相应的认知结构。通过课堂结尾，可以引导学生进行简要的回忆和整理，理清知识的脉络，弄清楚新知识的关键，从而完成一节课的教学任务。从教学结束的特点可以看出，它的基本任务是完成上述三个环节中的巩固和应用两个环节，并在完成知识掌握的同时培养相应的能力。

一般来说，精要的、完善的"结束"应具有以下功能：

（1）概括知识结构。学生在学习知识的过程中，难以对知识形成系统、明确的认识。因此，当学习过程进行一阶段后，教师强调重要事实、概念和规律，可以使学生对所学到的新知识有更加清晰、准确、系统的认识。又通过概括、比较相关知识，加强新旧知识之间的联系，帮助学生形成巩固的知识体系。

例如，教师在讲解"水的蒸发和沸腾""水蒸气的凝结""冰"几节课时，每节课都应用图示帮助学生归纳知识，调整认知结构，在总结这一单元时，要归纳出"水的三态变化图"。

案例 5-1：水的蒸发和沸腾

教师在讲完"水的蒸发和沸腾"后，给学生总结出：

$$水 \xrightarrow{\text{受热}} 水蒸气$$

在讲了"水蒸气的凝结"后，结合上节课内容，又用下图来表示水的液态、气态的变化：

$$水 \underset{\text{遇冷}}{\overset{\text{受热}}{\rightleftharpoons}} 水蒸气$$

在讲了"水蒸气的凝结"后，提出：冬季天气十分寒冷时，水有什么变化？（结冰）所以水的三种状态如下所示。

在讲了"冰"之后，又讲了露、霜的形成，最后用下图归纳出水的状态变化。

通过以上归纳总结，学生对水的三态变化由分散的知识到有了完整系统的认识。由于水的三态变化，在自然界就出现了云、雾、雨、露、霜等现象，进而使学生对露、雾、霜、云、雨、雪等的成因有了逐步的了解。

（2）促进学生思维的发展。教师在一段内容结束时，通过引导学生总结自己的思维过程和解决问题的方法，常可引起学生对物理思想方法认识的升华，促进学生物理思维能力的发展。因此，教师在结束课时，不能就事论事，仅停留在一个概念、一个定律的表述上，这样的教学不利于学生形成良好的学习习惯和自学能力。教师不仅要使学生学到知识，还要重视学生获取知识的思维过程和解决问题的方法，进而提高和发展学生的物理思维能力。

（3）检查学习效果。教师在教学活动结束时安排学生的实践活动，通过学生的表现发现学生实际与教学目的的差距，随时适当地调整讲课的深度、速度和教学方法，可使整个教学过程顺利进行。

（4）巩固应用。对逻辑性很强的物理问题的理解需要不断深化。这种深化过程的实现，较常用的方法就是及时小结、周期性复习总结。显然，在教学活动结束时，通过归纳、类比，一方面使知识系统化，另一方面还可加强对知识的深化理解。除此之外，通过布置思考题与练习题，学生可对所学知识及时复习、巩固和运用。

（5）承上启下。在某一教学活动结束时，既要使结束起到对本节课的教学内容进行概括总结的作用，又要通过结束为下一节或是以后的教学内容创设教学意境，埋下伏笔，做好铺垫，促进学生的思维活动不断深化，诱发继续学习的积极性。

由此可见，教学活动的结束非常重要。成功的课堂结尾能起到回顾、概括、强化和整理所学新知的作用，同时成功的课堂结尾也为今后的学习起到蕴伏、反馈、升华的作用。因此，每一次课堂教学的完结都应有一个科学的设计，一学期课程的结束和一门学科的最后完成更应精心策划，使教学活动锦上添花，回味无穷，绝不可草草收兵，敷衍了事。

二、教学结束的类型

1. 归纳总结型

教师在结束一堂课时，对教学内容进行归纳、整理，把全课内容做一个概括主貌式的总结，从而使学生加深印象，理清知识脉络。此类结束行为可以由教师做，也可由教师引导学生做或师生共同讨论来做。这里主要应用的是简单回顾和提示要点的结束技能要素。

案例 5-2：牛顿第二定律

在牛顿第二定律的应用课结束时，教师就可以通过自己简略复述或提问的方式，对这节课所讲的内容做一个简单的归纳总结。总结如下：

在运用牛顿第二定律解决物理问题的时候，常会遇到以下两类情况：

第一类是已知物体的受力情况，求物体的运动情况。解决这类问题的一般思路为：①确定研究对象；②受力分析；③求合力；④求加速度；⑤运用运动学公式，求相关的运动物理量（v、s、t）。即从研究对象的受力分析入手，求得它运动的加速度，然后利用运动学公式求相关的运动物理量。

第二类是已知物体的运动情况，求物体的受力情况。解决这类问题的一般思路为：①判断运动情况；②求加速度；③求合外力；④受力分析；⑤求待求的力。即从物体的运动情况入手，应用运动学公式求得物体的加速度，再应用牛顿第二定律求得所受合力，进而求得所求力。

教师这样对解题的步骤加以梳理，复述一遍，使不同层次的学生进一步抓住运用牛顿第二定律解决物理问题的关键，促进他们物理思维能力的发展。

2. 分析比较型

将新学概念和与之并列的概念、对立的概念或近似的、容易混淆的概念进行分析、比较，找出它们各自的本质特征或不同点，以及它们之间的内在联系或相同点，使学生对概念理解得更加准确、深刻，记忆得更加牢固、清晰。这里主要应用的是拓展延伸的结束技能要素。

案例 5-3：牛顿第三定律

学生在学习牛顿第三定律一课结束时，教师可以引导学生将作用力和反作用力与平衡力以表格的形式进行比较，加深学生对这两个概念的认识。表格如下：

比较		作用力和反作用力	平衡力
相同点		大小相等、方向相同、作用在同一条直线上	
不同点	受力物体	作用在两个不同的物体上	作用在同一个物体上
	两力性质	性质相同	性质不一定相同
	产生和消失的时间	同时产生，同时消失	不一定同时产生，也不一定同时消失
	作用效果	不能抵消	能够相互抵消

"电场强度与磁感应强度""电场强度与电场力""电场强度与电势"等概念的异同点都可通过此法分析比较。

3. 活动巩固型

在课的结束部分，从结论出发，教师恰当地安排学生的实践活动，如给学生布置一定数量的练习；指导学生做实验，验证结论；或组织一些游戏等活动来结束本节课，既可使学生所学的基础知识与基本技能得到强化和应用，又可使课堂教学效果及时得到反馈，获得调整下节教案的信息。具体方式有：课堂练习、实验、知识竞赛、小组讨论、观察制作、活动、游戏等。这里主要应用的是巩固应用和拓展延伸的结束技能要素。

案例 5-4：自由落体运动

在讲完自由落体这一内容后，教师可以组织学生做"测反应时间"的游戏，每两人一组，简单易行，最后由学生得出结论，并说明过程。通过这样一个小实验，不但调动了学生学习的积极性，而且运用自由落体的知识解决实际问题，也加深了学生对这一知识的理解。

4. 总结拓展型

在一个与后续课程联系比较密切的教学内容完成后，不只限于对教学内容要点的复习巩固，而且要在所学知识的基础上，提出具有启发性又有一定难度的问题，激起学生的求知欲，并进一步探讨，带有"且听下回分解"之意。这里主要应用的是拓展延伸的结束技能要素。

案例 5-5：热传递

在学习热传递的知识时，教师讲完热传导的一种方式——传导后，为了能够更好地为后面的热传导方式——对流做铺垫，可以采用如下结束：

教师简单地对传导做一小结后，提出疑问："既然水是热的不良导体，那为什么用水壶烧水的时候，水很快就可以开了呢？""在加热比较稠的粥时，为什么粥很快就冒泡，可是这时粥又不热呢？为了使粥热得快些，为什么我们又要往粥里加些水，且要再搅拌一下呢？"请大家带着这些问题回去预习下节课内容。

这样的结束不仅能使学生对本节课所学的传导方式有一个概括性的认识，而且还能激起学生的兴趣，激发他们的求知欲，为后续学习做铺垫。

5. 首尾呼应型

对于设疑法、悬念法导入新课的课型，在课堂教学结束时，呼应开头提出的问题，可以启发学生用本节课所学知识解决课前提出的问题，收到前呼后应、豁然开朗的效果。这种结束方式特别适用于设疑式导入的新课。

案例 5-6：超重与失重

在"超重和失重"这一节里，教师是通过一个简单的实验来引入的，实验如下：在一个饮料瓶靠近底部的侧面打一个小孔，当饮料瓶装上水静止不动时，因为瓶上小孔内部存在的压力 $(p_0+p_水)S$ 大于外部压力 p_0S，水从小孔中喷出。然后教师将瓶自由释放，这时学生惊讶地发现水不再喷出。针对这样的一个引入，教师在课堂教学结束时，再让学生分析瓶子下落时水不流出的原因，学生就会运用本节课所学的知识得出：水不流出是因为发生了失重现象。

案例 5-4 中"测反应时间"的游戏也可以在课前进行，课堂结束时进行揭秘。这样的结束前后呼应，学生在对引入问题豁然开朗的同时，也增强了他们的成就感。

案例 5-7：光的色散

"光的色散"一节若采用设疑的方式导入："天空为什么像蓝色的海洋？早晨的太阳为什么比中午更火红？如果你乘宇宙飞船到达了周围没有空气的月球上，这时，你看到的太阳还是火红的吗？见到的天空还是蔚蓝的吗？"针对这一开头，教师引导学生用光的色散规律分析上述问题，发现月球上看到的太阳竟然与地球上颜色不同，太阳悬挂的天空居然一片漆黑。这时，学生为得到这样的结论而惊喜万分。

结束的类型虽然很多，但归纳起来主要有两类，即认知型结束和开放型结束。认知型结束又称为封闭型结束，通常用于一章、一节比较完整、系统的知识教学之后，它通过归纳、总结、实际运用、转化升华等教学活动把学生所学的知识、技能系统化，使学生对所学的知识、技能加深记忆和理解。开放型结束是在一个与其他学科生活现象或后续课程联系比较密切的教学内容完成后，不只限于对教学内容要点的复习巩固，而且要把所学的知识向其他方向伸延，以拓宽学生的知识面，引起更浓厚的研究兴趣，或把前后知识联系起来，使学生的知识系统化。因此，在实际教学中具体采用什么方法，要根据教学内容的性质要求灵活掌握。

第二节　物理课堂教学结束的设计与分析

一、物理课堂教学结束技能的构成

1. 提示进入总结阶段

教师通过概括教学任务和对照教学主要内容的进展情况，提示学生学习已达到总结阶段，为学生主动参与总结提供心理准备。

案例 5-8：力与运动

"力与运动"的知识在整个中学物理教材中占有相当大的分量，教师在讲完每一部分知识时，要提醒学生复习总结。

前面我们详细分析了力与运动的关系，现在我们总结一下：力是物体运动状态发生改变的原因，在物体质量一定时，力越大运动状态越容易改变，它们之间的关系是牛顿第二定律 $F=ma$。这里的 F 是合外力，m 是物体的质量，a 是描述物体运动状态改变快慢的量——加速度。大家还要注意的是，牛顿第二定律在各个方向上都成立。

2. 简单回顾

教师对整堂课教学内容，特别是重点、难点内容进行简单的回顾，使学生对整堂课的内容有一个清晰明确的印象，促进学生对知识的理解和记忆。

回顾的内容主要有：

（1）对重要概念、规律、公式等的回顾。

（2）对所学习的主要概念、规律、公式形成过程的回顾；对相关概念，相似概念、规律、公式的比较进行回顾，以加深对知识的理解。

（3）归纳和总结分析解决问题的思路和方法。引导学生对分析和解决问题的全过程作总体认识。把握分析解决问题的思路，有助于培养学生思维的连贯性，使思路通畅。

3. 提示要点

教师指出本堂课的重点是什么，必要时可以做进一步具体说明，强化学生对新知识的理解。

4. 拓展延伸

有时为了开阔学生的思路或把前后知识联系起来，形成系统，教师把课堂内容扩展，有助于学生将所学的新知纳入已有的认知结构中。

例如，学习完竖直方向的抛体运动后，在结束该内容时，教师可以引导学生对新学的竖直方向上的抛体运动和以前学的自由落体运动进行比较。通过概括、比较相关知识，加强了新旧知识之间的联系，帮助学生形成巩固的知识体系。

5. 回顾研究问题的方法和思想

物理课程的教学不仅仅包括物理知识，同时还有许多研究方法和思想。在教学结束时，教师回顾解决问题的方法和思想，使学生加深理解记忆，举一反三，有利于对知识和方法的掌握、运用，有利于综合能力的提高。

6. 巩固应用

把所学知识应用到新情境中，解决新问题。在应用中巩固知识，并进一步激发思维，使学生形成规律性的认识。

7. 作业布置

教师有选择地适量布置各种类型的作业，使学生所学知识得到深化和巩固。布置的作业要有针对性，通过做作业能够巩固课堂上所学的新知识；布置的作业要有层次性，能满足不同学生的需求，提高学生的积极性，使不同学生的物理能力都得到展示。

案例5-9：平面镜

学习了"平面镜"后，可布置这样有层次的三道探究性作业：

（1）学了平面镜后有哪些应用？生活中哪些地方用到平面镜？

（2）生活中照镜子时，有时镜子太小了会照不到全身，至少要用多大的镜子才能照到全身？镜子应该怎样挂？

（3）如果有兴趣，可以通过上网、查看图书资料了解什么是光污染及怎样控制光污染。

布置的作业要有实践性，贴近学生的生活，联系生产和生活实际，让学生体会到物理知识是有用的、有价值的，从而提高学生学习物理的积极性。此外，布置的作业要精，不片面追求数量，以免给学生造成多余的负担。

二、物理课堂教学结束的设计与案例分析

如果说"良好的开端是成功的一半"，那也可以说"完美的结尾是成功的另一半"。因此，精心设计的结课对于良好教学效果的巩固有着举足轻重的作用。

课堂教学结束既然是教学活动，也应该体现出学生在学习中的主体地位。因此，在结束教学时，一定要考虑怎样充分发挥、调动学生的学习积极性、主动性，遵循教学规律和学生的学习规律。切忌为了完成教学任务，教师采用唱"独角戏"的做法。为了充分发挥结束技能的作用，教师在运用时应注意以下几点：

（1）目的性原则。课堂总结要紧扣教学目的，抓住教学重点和本节课的知识结构，针对学生掌握知识的情况及课堂教学情境，采用恰当方式总结，深化重要事实、概念和规律，把所学新知识有效纳入学生已有的认知结构中；同时小结要精要，有利于学生回忆、检索和运用。

（2）趣味性原则。兴趣既是推动学习的动力，又是发展思维的催化剂。任何教学的效果都是以学生是否自觉自愿参与、怎样参与、参与多少状况来决定的。只有让学生积极参与课堂结束的教学，学生才会感到快乐，效果才会显著。因此，在引导学生归纳小结时有意设置一些悬念，鼓励学生运用发散思维，培养丰富的想象力，促使学生思考和探索。

（3）及时性原则。心理学研究表明，学生的记忆过程是一个不断巩固的过程，由瞬间记忆到短时记忆再到长期记忆，有一个转折过程，实现这个转折过程最基本的手段是及时小结、周期性的复习。因此，在讲授新知识接近尾声时，应及时总结和复习巩固。尤其是讲那些逻辑性很强的规律性知识，更应加强归纳总结。

（4）多样性原则。小结的形式多样，可以提高学生学习的兴趣，收到好的教学效果。如果小结形式单一，容易使学生感到枯燥无味。因此，不同学科、不同课型要选择不同的结束方式。例如，对揭示概念的课型，一般可采用画龙点睛、概括要点的小结形式；对定理、定律推广练习一类的课型，可采用议论、总结、归纳的小结形式；对巩固训练的范例课型，可采用点拨方法、提示要点的小结形式。对不同年级的学生，根据他们心理、生理的特点选择不同的结束方式。高年级一般采用"抽象概括、整理归纳"的小结方式，初学物理的学生一般采用"启发谈话、回顾复述"的小结方式。同时还可安排一定的学生实践活动，如练习、口答和实验操作等。通过思维和实践活动，促进学生的思维发展，培养学生抽象、

概括能力和口头与书面表达能力。这样采取多种结束形式，既巩固了所学知识，又让学生余味无穷。

（5）巩固深化原则。结束不是本节课和本段知识的简单重复，应概括本节课和本段知识的结构，深化重要事实、情节、规律和概念，经过精心加工而得出系统化、简约化和有效化的知识网络，能帮助学生把零散孤立的知识"串联"和"并联"起来，了解概念、规律的来龙去脉，这样知识才能融会贯通。因此，结束的小结，教师要提纲挈领，抓住知识要点和问题的精髓，语言要准确、简洁，展示图表要简明、利落，有些内容要拓展延伸，进一步启发学生思维。

案例 5-10：向心力

教学过程	技能说明
我们现在来总结一下（配合幻灯片上的表格）：在刚刚的三个实验中，物体都在做圆周运动。从这三个实验中可看出，做圆周运动的物体总是要有一个始终指向圆心的力来不断改变其速度方向，如果外界不能提供这个力，物体将不再保持圆周运动。在实验一中，向心力由弹力提供；在实验二中，向心力由静摩擦力提供；在实验三中，向心力由拉力与重力的合力提供，或者说是由拉力的水平分力提供。并且我们发现向心力始终沿着半径指向圆心。那么，我们可以定义：做圆周运动的物体一定受到一个始终指向圆心等效力的作用，这个力称为向心力。	【强化技能】教师通过组织教学过程中的情境呈现，使学生对其做出反应。如果教师没有给予反馈，则学生的认识尝试活动会失去方向和动力。这样教学环节便失去控制，学生的思维活动变得混乱。强化技能的运用保持了师生之间、学生之间、学生和教学材料之间的相互作用，使大多数学生的思维和行为步调相对一致地沿教学计划有序发展。

案例 5-11：平抛运动

教学过程	技能说明
这两个公式在平抛运动中有着非常重要的地位，一定要记住。有了这两个公式，如果我们知道一个物体做平抛运动，就可以知道在不同时刻物体的位置如何，将连续不同时刻物体的位置用光滑曲线连接起来，就可以得到物体运动中的轨迹。学会运用公式，接下来看下这道习题，看选择什么。 …… 　　今天我们初步了解了平抛运动，知道了什么是平抛运动，学习了平抛运动具有的三个特点，分别是： （1）初速度沿水平方向。 （2）只受重力作用（忽略空气阻力）。 （3）运动轨迹是曲线。 以及平抛运动水平及竖直方向运动的规律：$x=v_0t$，$y=\frac{1}{2}gt^2$。	【强化技能】巩固强化对平抛运动特征和规律的理解。

案例 5-12：自由落体运动

教学过程	技能说明
大家可以用今天所学的内容，算一下在课前反应时间测试中，为什么只有少数同学可以达到神的级别，而大部分同学只能当普通人。大家计算一下，如果想要抓到 10cm，反应时间需要多快。g 取 $9.8m/s^2$。 　　（0.14s）。 　　科学研究表明，一般人的反应时间为 0.15～0.4s，据说"飞人"刘翔的反应时间是 0.139s。可见，要达到神的级别还是很困难的。大家下课还可以继续挑战。现在请大家翻开课本第 51 页，完成课后练习第 2、3 题，开始。	【强化技能】联系课前反应时间测量游戏，巩固对自由落体运动规律的理解。 【变化技能】在所学知识的基础上拓展延伸，为下一节的教学打下基础。

案例 5-13：匀变速直线运动的速度规律

教学过程	技能说明
今天我们学习了用打点计时器探究物体运动情况的方法。请同学们回去探讨课本第 42 页"科学探讨——一种匀变速直线运动"，以及为什么可以用贴纸条的方法判断物体是否匀变速，并思考如果物体仅在重力下做匀变速直线运动，如何计算出的加速度最准确。	【变化技能】在所学的基础上拓展延伸。

案例 5-14：自由落体运动

教学过程	技能说明
在已知自由落体运动的初速度为 0，加速度大小为 g 的情况下，我们来推导其速度公式、位移公式及位移-速度公式。 　　（学生推导：$H = \dfrac{1}{2}gt^2$，$v_t = gt$） 　　在我们借助打点计时器推导出自由落体是匀加速直线运动后，我想让大家思考一个问题，在伽利略的时代，技术条件远远不能达到理想状态，他也得出了自由落体是匀加速直线运动的结论，他是怎么做到的呢？ 　　伽利略利用其超前的智慧，进行了巧妙的数学分析和逻辑推理。先让小球在固定的斜面上滚落，记录时间与位移信息，在这个角度下，伽利略发现小球从任何高度下落，它的位移与时间平方的比值都是一个定值。伽利略接着把角度变大，发现在这个角度下小球的位移与时间平方的比值仍是定值。把角度慢慢扩大直到 90°，小球的位移与时间的比值也会是定值，小球就做自由落体运动。 　　伽利略提出假设—数学推理—实验验证—合理外推的方法，成功地在技术水平远远不能满足实验要求的情况下得到了正确超前的结论，而这种思维模式也需要我们今人学习。	【语言技能】教学语言在传递信息的过程中，除了发展学生智力、培养学生能力、提高学生学习质量的效果外，还具有语言美感的示范作用。教学语言中的高低、快慢，富有节奏感的有声语言与表情、手势、停顿、操作等无声语言恰当地配合起来，使学生在获得知识的同时得到美的享受，不断地把学生的学习情绪推向高潮，同时对学生产生潜移默化的影响，使学生从自觉或不自觉地模仿到灵活地表达，提高语言表达能力和语言美感。

案例 5-15：重心与稳度

教学过程	技能说明
好！下面我们就可以用重心与稳度的关系来解释刚才双锥体实验的现象。这是双锥摆的俯视图，这是正视图。这个斜坡导轨高处比较宽，低处比较窄。这个双锥体中间厚、两边薄。从表面上看，物体是由低向高运动，但是双锥体的形状中间厚、边缘薄及导轨高处宽、低处窄，使得双锥体在整个运动过程中重心不断降低，物体都有趋于稳定的趋势，而重心越低越稳定，因此就发生了双锥体上滚的现象。 　　是不是所有的物体都是越稳定越好呢？其实，不稳定也同样有它的用处。大家看，这是西安半坡遗址出土的一种新石器时代使用的汲水瓶。它的特点是底尖、腹大、口小，系绳的耳环设在瓶腹稍靠下的部位。当汲水瓶空着时，由于瓶的重心高于绳的悬点，它就不稳定，容易倾倒；把它放到水里，水就会自动从瓶口流进去。那水流进去了，重心会不会变？当瓶中汲入水时，下面的质量增大了，重心怎么移动？ 　　（向下移动。） 　　对，当瓶中汲入的水达到瓶容积的 $60\% \sim 70\%$ 时，瓶的重心降到绳的悬点以下，很稳定，一提绳，汲水瓶就会直立着被提上来。继续汲水，上面的质量又增大了，重心又怎么移动呢？ 　　（向上移动。） 　　当瓶中的水太满，瓶的重心又高于绳的悬点时，就不稳定了，瓶会自动倾倒，将多余的水倒出。这种汲水瓶巧妙地通过重心变换，使得汲水方便、省力，又能控制汲水量，充分体现了我国古代劳动人民的智慧。	【演示技能】演示实验中展示了许多有趣、新颖、惊奇的物理现象，教师在演示中又创设教学情境，巧设疑问，把这种外部诱因作用于学生，使其产生内部需要，激发了学习兴趣，提高了他们的学习积极性，从而把学习积极性引向具体的学习目标。 【演示技能】演示古代汲水瓶的构造和原理，展现古人的智慧。

案例 5-16：液体压强

教学过程	技能说明
对，很好。学到现在，大家可以试着解释课前老师提出的问题吗？大坝的横截面为什么均为上窄下宽，呈梯形？ 　　（大坝上窄下宽，是因为液体内部的压强随深度的增加而增大，坝底受到水的压强大，下面宽点能耐压。） 　　为什么潜水员穿的深海潜水服比浅海潜水服更厚重？ 　　（液体压强随深度的增加而增大，所以深海潜水服要比浅海潜水服更耐压，更厚重。）	【提问技能】提问课前教师提出的问题，首尾呼应，完成教学。

案例 5-17：匀变速直线运动速度规律

教学过程	技能说明
今天我们主要采取两种方法来描述物体的匀变速直线运动的速度规律，分别是数学公式和图像。数学公式能简洁地描述自然规律，图像则能直观地描述自然规律。利用公式和图像，可以利用已知量求未知量。例如，利用匀变速直线运动的速度公式或 v-t 图像，可以求出物体的速度、运动的时间或加速度。 　　用数学公式或图像描述物理规律通常有一定的适用范围，只能在一定的条件下合理外推，不能任意外推。例如，下表中的小车，我们可以通过图像或公式，推出第 7s 它的速度为 14m/s，但将时间延长 2h，即 7200s，这从数学上来看没有问题，但是从物理上来看，则会得出荒唐的答案，即小车的速度要达到 144000m/s，这显然是不可能的。在现实生活中，汽车匀变速直线运动只能维持数秒钟。	【语言技能】教师利用口头语言总结所学的内容，并举例说明。

某小车加速行驶时速度随时间的变化

t/s	0	1	2	3	4	5	6
$v/(m/s)$	0	2	4	6	8	10	12

案例 5-18：牛顿第一定律

教学过程	技能说明
实验和研究表明：一切物体具有保持静止或匀速直线运动状态的性质。物理学中，把物体保持静止或匀速直线运动状态的性质称为惯性。惯性是一切物体的固有属性，任何物体具有惯性。那我们怎么理解"一切"？"一切"的含义是指：不论物体的种类、质量的大小、是否受力、是否运动、做何种运动都毫不例外地具有惯性，那惯性跟什么有关？下面我们观看一个视频（约 1 分钟）。视频中质量比较大的汽车模型和卡车的运动状态相对比较难改变，惯性大，说明质量是惯性的量度，质量越大，惯性越大。惯性越大的物体，其运动状态越难改变，说明惯性的大小指的是物体运动状态改变的容易程度。	【语言技能】教师通过教学语言，强调牛顿第一定律的物理意义。
那现在同学们思考一个问题：交警为什么要抓超载呢？对，质量越大，惯性越大，运动状态越不容易改变，遇到紧急情况就比较容易发生事故。我们来看几个关于惯性的运用。这是体操运动，体操运动员都有什么特点？对，体操运动员比较轻，说明他们质量小，惯性小，运动状态比较容易发生改变，所以能完成高难度的动作。这是相扑运动，那相扑运动员有什么特点？对，相扑运动员质量大，惯性大，运动状态比较不容易发生改变，所以比较不容易被对手打倒。这都是惯性在我们生活中的运用。	【强化技能】列举超载问题，强化学生对惯性现象的认识，知道如何避免惯性带来的危害。
惯性有一定的危害，我们观看一个视频（约 30 秒），视频中的假人是按真人的比例模拟的。当汽车发生碰撞，紧急刹车时，我们看到，没系安全带的人飞了出去，系安全带的人没飞出去，这是为什么呢？这是因为虽然车停止运动，但人由于惯性会继续向前运动，若没有安全带的保护，人会飞出去，所以在驾驶过程中，一定要记得系上安全带。	【多媒体辅助技能】通过视频帮助学生理解汽车行驶中要求系好安全带的重要性，让学生体会学以致用的物理学科价值。

第三节　物理课堂教学结束微格训练

行动一、案例观摩与研讨

教学结束是教师在一个教学内容结束或课堂教学任务终了阶段，通过重复强调、归纳总结实践活动等方式回顾与概括所讲主要内容，强化学生学习兴趣，使学生形成完整的认识结构的教学行为。结束技能的目的如下：

（1）重申所学知识的重要性或应注意之点。

（2）概括本单元或本节的知识结构，强调重要事实、概念和规律的关键。

（3）检查或自我检测学习效果，通过完成各种类型的练习、实验操作、回答问题，进行小结、改错、评价等。

（4）引导学生分析自己的思维过程和方法，为下节课埋下伏笔。

（5）布置思考题和练习题，巩固所学知识。

课例 5-1：液体压强

教学课题	液体压强				
技能训练	教学结束	片长	6 分 56 秒	视频二维码	
教学目标	理解液体压强与深度的关系。				

内容简介

通过对液体内部压强大小影响因素的实验，帮助学生理解液体内部压强与深度的关系，并提出问题：压强大小是否与液体的质量有关？为下节课学习打下基础。

初看视频后，我的思考与评价：

课例 5-2：磁是什么

教学课题	磁是什么				
技能训练	教学结束	片长	2 分 9 秒	视频二维码	
教学目标	知道利用磁感线描述磁场。				

内容简介

总结如何利用磁感线描述磁场。

初看视频后，我的思考与评价：

课例 5-3：超重与失重

教学课题	超重与失重				
技能训练	教学结束	片长	3 分 23 秒	视频二维码	
教学目标	1. 知道超失重的判断方法。 2. 知道完全失重现象。				

内容简介

　　总结分析超重和失重的原因，以及与加速度方向的关系，掌握判断超重与失重的方法，并举例完全失重状态下液体的形状，知道完全失重现象。

初看视频后，我的思考与评价：

课例 5-4：滑轮的应用——杠杆

教学课题	滑轮的应用——杠杆				
技能训练	教学结束	片长	2 分 16 秒	视频二维码	
教学目标	1. 知道定滑轮做功不省力，可以改变力的方向。 2. 知道动滑轮做功省一半的力，不改变力的方向。				

内容简介

　　通过实验，演示动滑轮做功的过程，分析动滑轮做功时不改变力的方向，可以省一半的力。总结比较动滑轮和定滑轮做功的异同点。

初看视频后，我的思考与评价：

课题 5-5：电动机的转动

教学课题	电动机的转动				
技能训练	教学结束	片长	3 分 5 秒	视频二维码	
教学目标	1. 知道电动机能够持续转动的原因。 2. 知道电动机给人类生活带来的影响。				

内容简介

　　通过对电动机的改造，实现电动机的持续转动，集学生智慧组装成功一台电动机，并感慨电动机的发明给人类生活带来的便利。

初看视频后，我的思考与评价：

主题帮助一、结束语的运用策略

一部分内容或一节课教学之后的一段小结语就是结束语。教师在讲解知识时，为了便于学生掌握每一个知识点，可能是分散教学的，学生对知识的认识也可能停留在感性的局部。适时帮助学生将所学知识加以总结，使其能进行阶段性消化或巩固，为学习新知识做好准备。结束语的运用策略主要有以下几种。

1. 概括

一般用提纲挈领的话将分散的知识点串联起来。由于知识信息比较密集，话要说得慢些，语调要平稳。

2. 确定

无论是教师独白式的讲解还是师生交谈式的小结，关键性、结论性的句子必须由教师用肯定的语气说出，用语精确、简洁，一句句说得清楚明白。

3. 强化

小结语具有承上启下的作用，因此要着眼于知识的过渡和拓展，启发学生举一反三，解决新问题。有时，小结语可以着眼于思想感情的启迪和升华，教师的"点睛"之语会使教学效果延伸到培养高尚的道德情操方面。

 行动二、编写结束教案

根据教学结束的特点及要求，参考课例 5-1～课例 5-5 的视频，认真备课，根据自身教学特点，完成相应的教案编写。编写教案时要注意基本技能的应用，编写格式可以参考表 3-2。

课例 5-1："液体压强"教案

姓名		指导教师	
片段题目	液体压强	重点展示技能类型	演示技能 强化技能
教学目标	理解液体压强与深度的关系。		

	教学过程	
时间	教学过程	技能分析
	为了加深对公式的理解，请大家先来看一个实验。 　大家看，这是一个下端蒙着薄膜的容器，容器中装了这么多水，膜还不是鼓得很明显。现在我从里面取出一小杯水，其他的倒掉。只用这一小杯水，要怎样才能使得薄膜鼓得比原来更大呢？ 　对，我看见这位同学选择了细长的玻璃管来替换原有的大容器，你是如何想到的呢？很好！他说要想使膜鼓得更明显，就要增大膜受到的压强，根据 $p=\rho hg$ 的公式，用的都是水，ρ 一定，所以选用细长的玻璃管增大深度就可以了。 　现在老师把玻璃管和膜相连接，往里面倒水。大家注意观察膜的变化，结果如何？只用一小杯水，膜就鼓得比原来大多了。这位同学很好地运用了液体压强知识，我们把掌声送给他。 　下面，我们再来思考一个问题：液体对容器底部的压力大小是否总等于液体的重力大小呢？这个问题我们还是利用自制教具来进行探究。大家看，这是液体对容器底部的压力演示仪，它可以通过指针的偏转表示出液体对容器底部压力的大小。它两侧的页片可以活动以改变容器形状。老师已经将示数调零，现在我先把它变成柱状，往里面加水。大家看，现在指针是指在这里，我们做个标记。由于此时容器是柱状的，所以液体对容器底部的压力大小就等于重力大小。请同学们思考一下，如果我改变容器的形状，液体的重力会不会变化？对！显然不会。那液体对容器底部的压力会发生改变吗？我先把页片往两边摊开，大家注意观察液面与指针的变化情况。怎么样？液面下降了，示数变小了，说明此时压力小于重力。现在我再把页片往中间靠拢，如何？液面上升了，示数比标记处大了，也就是此时压力大于重力。可见，液体对容器底部压力大小并不总等于液体的重力大小。这是为什么呢？请同学们回去认真思考。	【演示技能】教师通过规范操作实验仪器、正确记录和分析数据，可使学生了解基本仪器的使用方法、观察和记录数据的方法、分析数据并作出实验曲线的方法等。教师演示的过程是培养学生掌握正确的操作技术和观察方法的过程，也是培养学生的观察能力和实验能力的过程。 【强化技能】教师通过组织教学过程中的情境呈现，使学生对其做出反应。如果教师没有给予反馈，则学生的认识尝试活动会失去方向和动力。这样教学环节便失去控制，学生的思维活动变得混乱。强化技能的运用保持了师生之间、学生之间、学生和教学材料之间的相互作用，使大多数学生的思维和行为步调相对一致地沿教学计划有序发展。

课例 5-2："磁是什么"教案

姓名		指导教师	
片段题目	磁是什么	重点展示技能类型	强化技能
教学目标	知道利用磁感线描述磁场。		

教学过程		
时间	教学过程	技能分析
	好了，现在我们可以用一系列有方向的曲线把条形磁体周围磁场的分布情况形象地描述出来，我们把这样的曲线称为磁感线。在磁体外部，磁感线从 N 极出发回到 S 极。通过这个实验，我们还认识了条形磁体外部磁感线的大致形状！ 　　现在我们可以解决前面提出的问题了：不用小磁针，如何判断 A 点的磁场方向呢？首先，画一条磁感线经过 A 点，标出它的方向，接着画出曲线上 A 点的切线，根据磁感线的走向，就可以标出 A 点的磁场方向！对于磁场中任意一点的磁场方向，都可以用磁感线来加以判断！	【强化技能】教师通过组织教学过程中的情境呈现，使学生对其做出反应。如果教师没有给予反馈，则学生的认识尝试活动会失去方向和动力。这样教学环节便失去控制，学生的思维活动变得混乱。强化技能的运用保持了师生之间、学生之间、学生和教学材料之间的相互作用，使大多数学生的思维和行为步调相对一致地沿教学计划有序发展。

课例 5-3："超重与失重"教案

姓名		指导教师	
片段题目	超重与失重	重点展示技能类型	强化技能 多媒体辅助技能
教学目标	1. 知道超失重的判断方法。 2. 知道完全失重现象。		

教学过程		
时间	教学过程	技能分析
	我们一起来分析表格。 　　（1）当 $a=0$ 时，T'（或 N'）才等于重力。 　　（2）当 $a≠0$ 时，T'（或 N'）可能大于或小于 G。在物理学中，我们把物体对悬挂物的拉力（或对支持物的压力）大于物体重力的现象称为超重，而小于物体重力的现象称为失重。 　　（3）物体超重、失重与物体的速度方向有没有关系？超重时，速度方向可能向上，也可能向下；而失重时，速度方向可能向下，也可能向上。所以，超重、失重与速度方向无关。 　　（4）超重、失重跟什么有关呢？我们发现，当加速度向上时，出现超重现象；当加速度向下时，出现失重现象，所以是与加速度的方向有关的。 　　现在我们可以把这四条结论综合成一句话： 　　当 a 向上时，出现超重现象；当 a 向下时，出现失重现象。	【强化技能】教师通过组织教学过程中的情境呈现，使学生对其做出反应。如果教师没有给予反馈，则学生的认识尝试活动会失去方向和动力。这样教学环节便失去控制，学生的思维活动变得混乱。强化技能的运用保持了师生之间、学生之间、学生和教学材料之间的相互作用，使大多数学生的思维和行为步调相对一致地沿教学计划有序发展。

时间	教学过程	技能分析
	现在请大家思考一下：当物体发生超失重现象时，重力大小变了吗？为什么？ 　　不变，因为重力 $G=mg$，在发生超失重现象时，物体的质量 m 和重力加速度 g 都不变，所以重力不变。 　　对于失重现象，$N'=G-ma<G$。不难看出，当 $a=g$ 时，$N'=0$，这种情况称为完全失重。 　　此时，一切由重力产生的现象完全消失，如摆球停摆（"神舟十号"图片），液滴呈绝对的球形（图片）等。在太空完全失重的环境中，就可以制造出很长的、直径只有几十微米的玻璃纤维（图片），制成又轻又结实的泡沫金属，可以用来制造飞机机翼等，在科技上有重大的应用。	【多媒体辅助技能】借助多媒体演示完全失重状态下的液滴，帮助学生理解力是使物体发生形变的原因。

课例 5-4："滑轮的应用——杠杆"教案

姓名		指导教师	
片段题目	滑轮的应用——杠杆	重点展示技能类型	演示技能 强化技能
教学目标	1. 知道定滑轮做功不省力，可以改变力的方向。 2. 知道动滑轮做功省一半的力，不改变力的方向。		

教学过程

时间	教学过程	技能分析
	我们再来研究动滑轮。利用动滑轮工作可以改变力的方向吗？很显然不能。 　　那么，它能省力吗？ 　　（不能。） 　　非常好，同样可以变回杠杆分析。这是动滑轮模型，我们也将它变回杠杆。 　　当提起重物时，支点在哪里？还在圆心吗？不在了。那么在哪里呢？哦！原来在绳子和轮接触的地方。 　　大家看，从支点到动力作用线的距离，即动力臂等于直径，从支点到阻力作用线的距离，即阻力臂等于半径，所以动滑轮的实质是一个动力臂为阻力臂两倍的杠杆。 　　不难得出，使用动滑轮可以省一半的力。 　　最后，我们一起来总结一下定滑轮和动滑轮的特点：第一，定滑轮可以改变力的方向，而动滑轮不能；第二，使用定滑轮不省力，而动滑轮可以省力；第三，定滑轮的实质是等臂杠杆，动滑轮的实质是动力臂为阻力臂两倍的杠杆。	【演示技能】教师借助动滑轮模型，展示动滑轮工作时力方向的改变和力的大小，明确动滑轮是省力杠杆。 【强化技能】总结动滑轮和定滑轮的区别与联系，加深学生的理解。

课例 5-5："电动机的转动"教案

姓名		指导教师	
片段题目	电动机的转动	重点展示技能类型	演示技能 语言技能
教学目标	1. 知道电动机能够持续转动的原因。 2. 知道电动机给人类生活带来的影响。		

教学过程		
时间	教学过程	技能分析
	怎么改进呢？请同学们充分发挥你们的聪明才智，想想办法。 　　这个同学讲得非常好！只要使线圈刚转过中性面时，蓝色环能变成和红色电刷接触，红色电刷接触，电流方向就可以改变了！这个发现至关重要。像这样两个电刷一前一后放置肯定做不到，所以首先要移动电刷，使它们平行放置；然后把两个环各拆去一半，并且把各自的半环拼在一起组成一个圆环。	【强化技能】教师对学生的发言给予肯定评价，并复述学生观点。
	大家看，现在蓝色环与蓝色电刷接触，红色环和红色电刷接触；随着线圈的转动，当转过中性面时，红色环自动变成与蓝色电刷接触，蓝色环自动变成与红色电刷接触；再次转过中性面时，蓝色环又变成与蓝色电刷接触，红色环又变成与红色电刷接触。即线圈每转过一次中性面，两个半环就自动交替与两个电刷接触，电流方向就能自动改变了！	【演示技能】教师边操作边分析电动机的构造和工作原理。
	好，现在我们接通电源，大家看，克服重重困难后，线圈终于欢快地转动起来了！	
	这样电能就成功地转化成了机械能，我们把这种装置称为"电动机"。现在，在电动机的轴上装上一个小风扇，电动机就可以带动风扇转动。电动机可以提供动力，推动生产力的发展，给人类生产生活带来了极大便利！	【语言技能】教师用抒情的语言，称赞电动机给人类带来的便利。

 主题帮助二、结束的操作方式

1. 总结归纳式

为了帮助学生理清所学知识的层次结构，掌握其外在的形式和内在联系，形成知识系列及一定的结构框架，在课堂结尾时利用简洁准确的语言、文字、表格或图示将一堂课（或包括前几堂课）所学的主要内容、知识结构进行总结归纳。这种小结繁简得当，目的明确，且有一定实际意义，绝不是依教学的时间顺序，简单地读一遍板书各纲目的标题就能完成的。它应能准确地抓住每一个知识点的外在实质和内在的完整性，从而有助于学生掌握知识的重点和知识的系统性。这种方式的结尾一般用于新知识密度大的课型或某一单元教学的最后一次新授课。例如，在讲完气体性质的一单元最后结尾时，随着时间的推移，摆在学生面前有关气体状态变化规律的方程越来越多。如何记忆诸多公式？诸多规律又有什么关系？如果这些问题不解决，而草率地以讲解例题或强调规律如何运用等内容作为本节课的结尾，则学生对知识的掌握就会出现混乱。因此，教师可以用十几分钟时间，引导学生通过回忆，将有关知识内容系统地归纳如下：

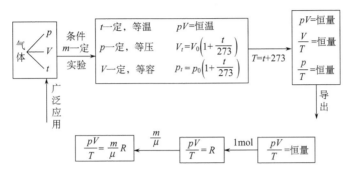

通过这样总结归纳的结尾，学生对气体的性质有了较为系统的了解，既突出了单元教学的重点内容，又有利于学生记忆。

采用总结归纳式的结尾方法，开始可由教师引导学生共同完成。随着学生知识的增长，归纳总结能力的提高，可逐步过渡到学生自己总结归纳，教师帮助修改完善，使学生在系统地接受物理知识的过程中不断提高学习能力。

2. 练习巩固式

教学实践中发现，有些章节的教学对引出概念、得出规律并非难事，而要让学生全面、正确地理解、掌握并能灵活运用却非易事。练习巩固式结尾就是针对这种情况设计的。通常是针对学生理解物理概念、规律时易出现的问题精心设计相应的典型练习题，在课堂结尾时，用几分钟通过提问、板演、讨论或小测验等手段实施，从而完善学生对概念、规律的理解和掌握。一般这种形式的结尾适用于学生由于各种原因容易对某些概念、规律发生误解的情况。

例如，关于摩擦力的教学，当通过实验得出 $f=\mu N$ 后，学生一看公式如此简单，且马上要下课了，容易产生松懈情绪。若教师仍用总结归纳式结尾的方法，单纯强调公式的重要性及各量的物理意义，则不易被学生很好地接受。此时，需将要强调的内容巧妙地化为富有思考性的问题，如可通过对斜面上物体的受力分析，弄清物体对斜面的压力 N 与斜面倾角的关系。这样有效地防止学生将物体的重力和物体对斜面的压力混为一谈的现象发生，从而加深对 $f=\mu N$ 中 N 的理解。

又如，教师将板擦按在竖直黑板上，问学生："设板擦重为 0.2N，手对板擦的垂直压力为 5N，板擦与黑板间的滑动摩擦系数 $\mu=0.5$，则此时黑板对板擦的摩擦力 f 为多大？"由于学生对 $f=\mu N$ 的适用范围认识不清，所以不少学生会很快算出 $f=0.5\times5=2.5$（N）等错误答案。通过教师正确的引导分析，学生可在盲从中顿悟，在倦怠中再次振作，在"吃一堑，长一智"中加深对 $f=\mu N$ 的消化和理解。

可见，这样的结尾，一方面使学生比较全面牢固地掌握了本节课的主要知识内容，另一方面也使教师及时了解学生的学习情况，获取反馈信息，从而有利于教师切准学生"脉搏"，把握教学进程。

3. 比较识记式

心理学研究表明："比较"是认识事物的重要方法，也是进行识记的有效方法，它可以帮助我们准确地辨别记忆对象，抓住它们的不同特征进行记忆，也可以帮助我们从事物之间的联系来掌握记忆对象。比较识记式结尾就是采用叙述、列表等方法，将本节课讲授的不同概念、规律或新知识与具有可比性的旧知识加以对比，帮助学生加速新知识的理解和记忆，开拓思路，使新旧知识融会贯通，提高知识的迁移能力。这种方式的结尾一般用于表达形式非常相近、知识结构十分相似或学生常易混淆的概念、规律等内容。

4. 设疑伏笔式

在一节课即将结束之时，教师或提出有一定难度的问题供学生课后自行探讨，或诱发一个或几个与以后学习内容有关的悬念，在学生感到言而未尽之时收住话题。让他们带着疑问和如何解决这些问题的强烈愿望结束一堂课的学习，从而活跃学生的思维，激发他们进一步探究、学习的兴趣。

5. 启导预习式

每节物理课虽可自成"体系"，但作为一堂课所讲授的知识仅是整个物理学中极小的一部分。每节课的教学只不过是整个教学活动的一个片段，它与前后章节都有着内在的联系，有的关系甚密，不易分割。因此，在设计结尾时要通盘考虑，在让学生掌握本节所学知识的同时，对新课的预习给予必要的指导。启导预习式结尾的设计应根据下节课要学教材的重点、难点编拟预习提纲交给学生，使他们预习时能够抓住要点，有的放矢地学习，以避免走弯路，做无用功。

例如，在高一"圆周运动"一节的结尾时，教师可设计预习提纲如下：

匀速圆周运动的速度方向为什么不断发生变化？

匀速圆周运动的向心加速度与哪些因素有关？

向心加速度 $a = \omega^2 R$，它与半径 R 是成正比还是成反比？

匀速圆周运动是匀变速运动吗？

通过课后预习，学生对"向心加速度和向心力"一节的主要内容有了初步了解，容易出现错误的问题使学生引起了注意，不易理解的难点上课时可集中精力突破。显然，成功的预习启导加上学生自己的努力，会使学生养成自学习惯，提高自学能力。

6. 首尾照应式

有些教师常以提出问题、设置悬念的方式引入新课，用以激发学生强烈的求知欲望和学习兴趣。因此，在课堂结尾时，不要忘记引导学生用本节课所学到的物理知识，分析解决上课时提出的问题，消除悬念，做到悬念不悬。这种结尾方式既能巩固本节课所学到的物理知识，又照应了开头，使一堂课的教学形成一个相对完整独立的系统。这种结尾通常用于相对独立的知识内容的教学，即只用本节课的知识内容便可解决、消除引课时所设下的悬念。

这种结尾使学生在知识的应用中享受到解决问题、消除悬念的无穷乐趣，从而提高了学习物理知识的兴趣，同时也给后续课程的学习带来积极的影响。

7. 激发兴趣式

激发兴趣式的课堂结尾就是结尾时结合本节课教学内容，或演示一些有趣的小实验，或设计一个小游戏、小魔术，或组织小型智力竞赛，或让学生猜几个谜语（谜底与所学物理内容有关），使学生在轻松愉快的环境中结束一节课的学习。寓知识的理解应用于娱乐之中，使学生感到物理课并非枯燥无味，而是妙趣横生。

由于这种结尾具有一定的趣味性，故一般应用于知识密度较大且比较抽象的知识教学中。学生在四十几分钟的紧张学习之后，通过娱乐性的课堂结尾，既进一步理解应用了所学的知识，又在精神上得到适当的放松，大脑得到调节，从而为下一节课的学习做好精神上的准备。

例如，初中学习密度时，就不像学习测量、运动和力那样直观。若在这样紧张、抽象的一节新授课即将结束之际，仍不给学生喘息之机，而重复强调抽象的密度定义及其物理意义，则学生可能会出现厌烦情绪。但若出一个与实际生活相关的智力竞赛题："副食店的售货员由于一时找不到盛油的提子，而给一位顾客用盛酱油的提子盛了一斤花生油，顾客说：'你把我的油盛少了，这些油不够一斤。'售货员却不高兴地说：'我用一斤的提子给你盛得满满的，怎么会不够一斤呢？'那么到底油盛够一斤没有？为什么？"问题提出后，学生无不对此开动脑筋进行思考。通过问题的讨论、解答，既活跃了课堂的紧张气氛，又复习巩固了所学的知识。

又如，"电磁波"一课的结尾，设计几个谜语组织学生进行猜谜比赛，要求猜出谜底，并说出其物理意义：①景德镇（磁场）；②来无影，去无踪，能传景，能传声（电磁波）；③风平浪静（微波）；④七天七夜（周期）；⑤归途（回路）；⑥绘声绘色（传真）；⑦情绪不安（波动）。如此结尾使学生兴致勃勃，兴趣盎然，寓增长知识于娱乐之中。

 主题帮助三、结束教学应注意的问题

1. 要以突出重点、加深理解、强化记忆为中心设计课堂教学的结尾

无论以哪种方式设计课堂教学的结尾，都应牢牢把握住本节课的重点，设法通过教师的设计把学生的注意力集中到重点问题的探索、研究和讨论上，从而获得深刻的印象，达到加深理解、强化记忆的目的。

2. 要注意发挥学生的主体作用

教育学理论表明：在教学活动中，教师是主导，学生是主体。学生学习的主动性和积极性来源于学习的内因，它决定了学生学习、掌握知识的可能和限度。因此，无论采用何种方式结尾，都应努力把着眼点放在引导学生进入"角色"上。只有想方设法让学生多观察、多思考、多分析、多讨论，充分发挥其主观能动性，才能发挥课堂结尾的作用，达到预期的效果。

3. 要注意因材施教

设计课堂结尾时，既要考虑教材内容、教学要求和课堂类型，又要照顾学生的知识结构、智力水平、年龄特点、心理特征的差异，千方百计、精心设计，力求调动每个学生的学习积极性，使他们都能有效地利用每堂课的最后几分钟。

4. 要注意利用电化教学手段

目前，投影设备在学校已较为普及，在教学中应使其充分发挥应有的作用。采用总结归纳式或比较识记式结尾时，制好投影片，使用投影器，既方便又省时。以练习巩固式结尾，利用投影器给每个学生发一张透明胶片作为练习卡，能扩大学生的训练量。例如，在前面提到的计算摩擦力的训练中，可要求每个学生都接受"检查"，在各自的卡片上"板演"，教师巡视发现典型。优秀的卡片可拿到投影器上给全班同学示范，发现共性的问题也可及时展示出来全班订正。由此可见，电化教学手段具有许多传统教学手段不可比拟的优点，务必给予足够重视。

⌒ 行动六、评价提高

在各行动过程中，涉及多次的评价和反思。教学结束微格训练中，小组可以参考表 5-1 的评价项目，在各行动环节中对学员进行评价，学员也可根据该表进行自我评价和反思。

表 5-1　教学结束微格训练评价记录表

讲课人姓名		学号		日期	
教学内容					
项目及分值	教学技能与评价标准			得分	备注
教学设计（20分）	教学目标恰当，教学方法使用合理，教学内容正确，教学过程体现了如何突出重点、突破难点。导入合理有效，教学过程的设计有一定个人见解和创新。				
教学语言（20分）	科学术语准确，普通话标准、简洁、流畅，音量、语速、节奏适当，无口头禅；语调有变化，语言有感染力；讲解能抓住关键，条理清楚、逻辑性强，讲解注意促使学生参与。				
提问技能（15分）	问题的设计符合教学内容，目的明确，启发学生思维；问题陈述准确、清楚，并能引导启发学生回答。				
演示技能（15分）	演示过程设计科学合理，能启发思维；演示注重教给学生观察的方法和实验的方法；实验操作规范，步骤清楚，示范性好；演示准备充分，实验现象明显。				
变化技能和多媒体辅助技能（10分）	能根据教学情况灵活、合理地变化教态、媒体、节奏、师生相互作用的方式；师生情感交流一致，各种媒体应用合理娴熟，变化自然。				

项目及分值	教学技能与评价标准	得分	备注
强化技能与组织管理技能（10分）	教师的组织和管理使课堂各项教学活动紧紧围绕教学目标；能通过恰当的语言、动作等强化学生学习动机；适当组织学生听课、讨论、实验等。		
板书技能（10分）	板书板画与讲解配合，时间先后合理；文字与图表规范、工整，书写速度恰当；板书安排合理，直观形象，具有启发性。		
总得分			

点评教师签字：

参 考 文 献

布鲁纳. 1982. 教育过程[M]. 邵瑞珍, 译. 北京: 文化教育出版社.

蔡敷斌. 1994. 课堂讲解技能的探讨[J]. 北京教育学院学报, (03): 91-92.

蔡丽珍, 王凤梅, 陈峰. 2008. 论物理教学中的科学方法教育[J]. 物理通报, (08): 2-4.

陈成祖, 谢明初. 1995. 微格教学基本理论与实践[M]. 广州: 新世纪出版社.

陈桂芳, 郭晓萍. 2007. 略论理科讲解技能[J]. 西昌学院学报(自然科学版), (01): 129-131.

陈玲. 2011. 新课程背景下高中物理课堂教学导入策略研究[D]. 新乡: 河南师范大学.

陈婷. 2007. 信息技术环境下微格教学的变化及其发展趋势[J]. 电化教育研究, (06): 93-96.

陈瑶. 1999. 模拟实践在教学技能训练中的运用[J]. 课程·教材·教法, (04): 55-56.

邓婵. 2011. 基于微格教学的教学技能培训[J]. 中国教育技术装备, (24): 15-16.

邓婷婷. 2013. 浅析师范生微格教学现状[J]. 课程教育研究, (05): 1.

丁湘. 2010. "微格教学"实践教学初探[J]. 民族教育研究, 21(02): 77-82.

范官军. 2014. 师范生教学技能微格教学训练过程研究[J]. 中国教育技术装备, (18): 86-87.

范官军. 2014. 师范生教学技能微格教学训练评价体系研究[J]. 中国教育技术装备, (16): 82-83.

甘威. 1994. 初中物理教学导入新课的方法[J]. 课程·教材·教法, (06): 29-30.

高丽. 2005. 微格教学中课堂教学技能评价的定量化研究[J]. 电化教育研究, (10): 57-60.

高文文. 2018. 影响课堂教学讲解语篇形成的因素分析[J]. 昭通学院学报, 40(05): 101-104.

顾进. 2017. 高中物理课堂教学中的新课导入策略[J]. 中学物理教学参考, 46(16): 14.

郝吉卿. 2015. 高师院校师范生微格教学评价标准构建研究[D]. 临汾: 山西师范大学.

何海嵋, 潘文涛. 2016. 近十年我国微格教学学术论文的内容分析研究——以师范教育类为例[J]. 中国教育技术装备, (14): 20-22.

何雪玲. 2015. 促进师范生教学技能发展的策略探析[J]. 教育探索, (01): 125-127.

胡淑珍, 胡清薇. 2002. 教学技能观的辨析与思考[J]. 课程·教材·教法, (02): 21-25.

胡淑珍. 1996. 教学技能[M]. 长沙: 湖南师范大学出版社.

黄映玲, 韦宁彬. 2012. 从学生角度分析微格教学技能评价环节现状[J]. 电化教育研究, 33(09): 116-120.

贾晓婷. 2013. 微格教学在师范生教学技能训练中的实施步骤探讨[J]. 安徽电子信息职业技术学院学报, 12(01): 64-66.

江玲, 邹霞. 1999. 微格教学与教学技能分类[J]. 四川师范学院学报(哲学社会科学版), (05): 72-77.

蒋立. 2016. 利用微格教学提升教师物理教学技能的研究[D]. 武汉: 华中师范大学.

孔令明. 1992. 教师教学技巧[M]. 北京: 首都师范大学出版社.

雷慧. 2011. 中学物理微格教学训练研究[D]. 成都: 四川师范大学.

雷晓艳. 2013. 新课程下高中物理课堂导入教学研究[D]. 长沙: 湖南师范大学.

李春密, 王丽芳, 李多. 2006. 新课程理念下中学物理教师对教学技能需求情况的调查研究[J]. 课程·教材·教法, (09): 67-70.

李建奎, 杨立全. 2001. 教学中讲解技能及应用[J]. 山西广播电视大学学报, (01): 57-58.

李静. 2016. 微格教学实施方案研究与设计[D]. 长春: 东北师范大学.

李乐为, 李岳玲. 2010. 师范生教学技能培养中微格教学的应用研究[J]. 湖南师范大学教育科学学报, 9(05): 69-71.

李丽荣. 2006. 教学中的板书技能[J]. 内蒙古电大学刊, (01): 105-106.

李玲. 2010. 高师学生教学技能训练的现状及对策[J]. 中国成人教育, (08): 81-82.

李倩倩. 2015. 高校师范生微格教学中的问题与对策研究——以华中师范大学为例[D]. 武汉: 华中师范大学.

李如密. 1993. 试论课堂教学中的导入新课[J]. 课程·教材·教法, (01): 40-42.

李如密. 1995. 教学艺术论[M]. 济南: 山东教育出版社.

李文娟, 杨小红. 2018. 地方师范院校应用型人才培养研究——化学师范生微格教学的 LICC 体系[J]. 课程教育研究, (36): 244-245.

李学杰. 2017. 微格教学: 融通理论与感受教学的桥梁[J]. 教育评论, (07): 33-36.

林春艳. 2012. 物理微格教学的改进[J]. 天津市经理学院学报, (05): 63-64.

林巧民, 余武. 2010. 基于微格教学的教学技能训练研究[J]. 南京邮电大学学报(社会科学版), 12(01): 120-124.

林万新, 刘海峰, 王泽. 2008. 网络环境下的教学技能训练系统与培训模式[J]. 中国电化教育, (02): 83-85.

刘春慧. 2001. 板书技能 演示技能[M]. 北京: 人民教育出版社.

刘德春. 2011. 论微格教学模式, 促进教师专业发展[J]. 内蒙古师范大学学报(教育科学版), 24(08): 92-94.

刘红军. 2010. 课堂教学中的讲解技能[J]. 文学教育(下), (08): 56.

刘俭珍. 2012. 关于师范生微格教学情况的调查分析[J]. 高等理科教育, (04): 108-111.

刘鹂, 安玉洁. 2005. 微格教学的多元化架构[J]. 电化教育研究, (09): 55-59.

刘启艳. 1996. 微格教学理论专题讲座[J]. 贵州教育, (Z2): 85-86.

刘启艳. 1996. 微格教学理论专题讲座 第二讲 教学技能的分类[J]. 贵州教育, (09): 32-33.

刘启艳. 1996. 微格教学理论专题讲座 第三讲 结束技能[J]. 贵州教育, (10): 25-26.

刘启艳. 1996. 微格教学理论专题讲座 第四讲 教学语言技能[J]. 贵州教育, (11): 24-25.

刘启艳. 1996. 微格教学理论专题讲座 第五讲 提问技能[J]. 贵州教育, (12): 20-21.

刘启艳. 1997. 第八讲 板书技能 微格教学理论专题讲座[J]. 贵州教育, (10): 18-19.

刘启艳. 1997. 第六讲 讲解技能 微格教学理论专题讲座(续)[J]. 贵州教育, (Z2): 31-32.

刘启艳. 1997. 微格教学理论专题讲座(续) 第九讲 课堂组织技能[J]. 贵州教育, (11): 20-21.

刘启艳. 1997. 微格教学理论专题讲座(续) 第七讲 变化技能[J]. 贵州教育, (09): 29-30.

刘显国. 1999. 板书艺术[M]. 北京: 中国林业出版社.

刘志光. 2012. 高中物理课堂导入教学策略研究[D]. 曲阜: 曲阜师范大学.

卢尚贡. 2018. 浅谈初中物理课堂导入教学[C]. 2018 年基础教育发展研究高峰论坛.

陆建生, 高原, 陈展. 2018. 微格教学理论及实践[M]. 北京: 科学技术文献出版社.

马占河. 1987. 物理教学中的板书设计[J]. 物理教学, (02): 12-13.

孟宪凯, 李涛. 2008. 中国微格教学 20 年[J]. 北京教育学院学报(社会科学版), (03): 62-65, 74.

孟宪凯. 1992. 微格教学基础教程[M]. 北京: 北京师范大学出版社.

孟宪凯. 2003. 对微格教学 10 年发展的几点反思[J]. 兰州教育学院学报, (03): 14-18.

莫小卫. 2004. 教学讲解技能探讨[J]. 卫生职业教育, (22): 57-58.

穆玉芳, 何英姿, 陈云来. 2016. 高校师范生微格教学中存在的问题及对策[J]. 大学教育, (07): 35-36.

彭健. 2002. 课堂教学中讲解技能提高初探[J]. 新疆教育, (11): 20.

彭小明. 2005. 教学板书设计论[J]. 教育评论, (06): 69-72.

乔晖. 2004. 近十年教学技能研究综述[J]. 盐城师范学院学报(人文社会科学版), (01): 112-117.

乔际平, 李小林. 1995. 中学物理课堂教学设计的理论与实践[M]. 北京: 高等教育出版社.

裘大彭, 任平. 1994. 课堂教学中的导入技能[J]. 人民教育, (02): 40-42.

裘大彭, 任平. 1994. 课堂教学中的讲解技能[J]. 人民教育, (03): 40-41.

裘大彭, 任平. 1994. 课堂教学中的提问技能[J]. 人民教育, (04): 36-37.

裘大彭, 任平. 1994. 课堂教学中的演示技能[J]. 人民教育, (05): 36-38.

裘大彭, 任平. 1994. 微格教学技能讲座(六)——课堂教学中的结束技能[J]. 人民教育, (06): 35-36.

裘大彭, 任平. 1994. 微格教学技能讲座(七)——教学的语言技能[J]. 人民教育, (11): 40-44.

裘大彭, 任平. 1994. 微格教学技能讲座(一)——微格教学与教学技能[J]. 人民教育, (01): 39-40.

裘大彭, 任平. 1995. 课堂教学中的板书技能[J]. 人民教育, (06): 38-40.

裘大彭, 任平. 1995. 课堂教学中的强化技能[J]. 人民教育, (09): 39-46.

荣静娴. 2012. 微格教学与微格教研[M]. 2 版. 上海: 华东师范大学出版社.

邵细芳, 欧阳菁. 2002. 浅谈课堂教学的导入艺术[J]. 景德镇高专学报, (03): 90-91.

申燕. 2012. 对微格教学的思考[J]. 湖北经济学院学报(人文社会科学版), 9(02): 193-194.

史新强. 2013. 新课改理念下中学物理教师课堂讲解能力的研究[D]. 济南: 山东师范大学.

帅晓红, 袁令民. 2015. 中学物理微格教学教程[M]. 2 版. 北京: 科学出版社.

孙海. 2000. 论课堂教学讲解技能的基本要求[J]. 许昌师专学报, (01): 115-118.

孙婕. 2015. 以培养化学师范生教学技能为主线的微课程设计研究[D]. 银川: 宁夏大学.

田华文. 2003. 探索微格教学训练模式 提高教学技能训练效果[J]. 电化教育研究, (07): 52-54.

童文学, 毛加宁, 吴忆平. 2010. 微格教学存在的主要问题及改进策略[J]. 乐山师范学院学报, 25(11): 53-54, 57.

汪家宝, 刘丽. 2002. 构建教学技能训练的新模式[J]. 广西高教研究, (04): 16-18, 22.

汪振海, 张东慧. 2000. 微格教学法在教学技能培训中的应用[J]. 电化教育研究, (03): 51-56.

王邦雄, 雷体南. 2000. 微格教学中教学技能的分类、训练和评价方法研究[J]. 科技进步与对策, (04): 151-152.

王红光. 2016. 以问题为中心的高中物理概念讲解——以"向心力"教学为例[J]. 中学物理教学参考, 45(12): 34.

王华. 2010. 我国高师微格教学改革发展趋势探析[J]. 乐山师范学院学报, 25(11): 36-39.

王华蓉. 2015. 关于微格教学的新思考[J]. 宁波大学学报(教育科学版), 37(03): 112-115.

王槐源. 2002. 微格教学在师范生教学技能训练中的应用模式研究[J]. 琼州大学学报, (05): 35-39.

王宽明. 2013. 英国微格教学在师资培训中的应用[J]. 中小学教师培训, (07): 61-64.

王烈琴. 2008. 普通高等师范院校微格教学的现状及建议[J]. 商洛学院学报, (01): 71-75.

王琼. 2018. 基于"微格教学"的物理师范生教学技能培养研究[J]. 科技视界, (26): 95-97.

王瑜. 2005. 给物理教师的 101 条建议[M]. 南京: 南京师范大学出版社.

温凤梅. 2005. 通俗易懂地讲解"物质的量"的概念[J]. 中国环境管理干部学院学报, (03): 129-130.

吴仁林. 1993. 小学教学板书设计的基本思路[J]. 课程·教材·教法, (06): 24-28.

肖海雁, 韦义平. 2005. 师范生教学技能训练探新[J]. 教育理论与实践, (10): 23-25.

徐珺. 2005. 物理教学与语文教学板书设计的嫁接[J]. 物理教师, (07): 6-8.

宣桂鑫. 1995. 德国的微格教学[J]. 高等师范教育研究, (05): 69-74.

杨舒. 2013. 中学物理教师课堂导入有效性的教学反思研究[D]. 重庆: 西南大学.

杨玮. 2010. 微格教学在师范教育中的地位及其可行性模式[J]. 太原师范学院学报(社会科学版), 9(04): 153-155.

杨燕萍. 2014. 微格教学的问题与对策研究[J]. 教育教学论坛, (43): 275, 278-279.

姚萍, 谭福奎, 邹立飞. 2016. 地方师范院校微格教学的应用现状及对策[J]. 兴义民族师范学院学报, (04): 93-95.

叶惠文, 邹应贵, 杜炫杰. 2006. 现代微格教学系统构建与实施模式研究[J]. 电化教育研究, (07): 70-72.

叶剑强, 陈迪妹, 罗姣. 2015. 微格教学培养高师生师范技能有效性的研究[J]. 化学教育, 36(24): 46-50.

于加洋. 2001. 浅议教师的教学技能[J]. 教育理论与实践, (08): 56-57.

于四海. 2011. 新课程背景下微格教学有效性研究——基于训练的研究[J]. 电化教育研究, (08): 113-120.

余付宽. 2013. 微格教学与物理师范生教学技能提高的研究[D]. 金华: 浙江师范大学.

袁晓娜. 2018. 微格教学在化学师范生演示技能培训中的研究[D]. 聊城: 聊城大学.

岳辉吉. 2007. 微格教学与物理师范生基本教学技能培养的研究[D]. 西安: 陕西师范大学.

张楚廷. 1999. 教学细则一百讲[M]. 长沙: 湖南师范大学出版社.

张桂荣, 朱天志, 贾丽珍. 2007. 微格教学技能训练的有效性研究[J]. 教育与职业, (03): 132-133.

张建琼. 2018. 微格教学实训教程[M]. 北京: 科学出版社.

张岭. 1998. 微格教学模式与课堂教学技能的培养[J]. 电化教育研究, (05): 127-128, 149.

张琪立. 2016. 师范生微格教学技能训练存在的问题及对策//《决策与信息》杂志社, 北京大学经济管理学院. "决策论坛——经营管理决策的应用与分析学术研讨会" 论文集(下)[C]. 《决策与信息》杂志社, 北京大学经济管理学院: 《科技与企业》编辑部.

张铁牛. 1997. 教学技能研究的理论探讨[J]. 教育科学, (02): 27-29.

赵新波. 2010. 高等师范院校微格教学现状及改革建议[J]. 中国成人教育, (05): 108-109.

仲玉英. 1998. 微格教学与高师学生教学技能提高的实验研究[J]. 高等师范教育研究, (05): 58-62.

周晓庆, 王树斌, 贺宝勋. 2018. 教师课堂教学技能与微格训练[M]. 北京: 科学出版社.